ねこの幸せ いぬの幸せ

一緒に生きるパートナーだから、絶対知ってほしいこと

「ねこの博物館」館長
今泉 忠明

素 朴 社

装丁・DTP／ジャネット社
装　　画／南舘　千晶
イラスト／さの　あきこ

まえがき

いま日本中がペット・ブームである。犬と猫を合わせてその数およそ二五〇〇万匹、実に日本人の子どもの数よりも多い。一五歳以下の子どもは約一七〇〇万人しかいないのだ。キャット・フード、ドッグ・フードのコマーシャル以外でも、テレビに犬や猫が繰り返し登場する。「なんて可愛らしいんだ！」「なんてお利口なの！」「私も飼いたいな！」と感じる人が少なくないのではないだろうか。「可愛らしいペットと一緒にお出かけしたい！」と思う人も多いにちがいない。実際、繁華街でも犬だか猫だかよくわからないフワフワした毛のかたまりのような生きものをバッグに入れて歩いている女性を見かける。こんなことはかつては考えられなかった。私たち日本人の生活環境やライフスタイルが大きく変わってきたことを表わしている。

人間が変わったとはいうものの、犬や猫の習性などは本質的に変わるものではないから、犬や猫たちが今、どんな状況で飼われているのだろうかと不安になる。捨てられたりする犬や猫のニュースが頻繁に流れるのを聞くと、「溺愛」と「虐待」というその両極端のギャップに驚くのである。そこで、犬や猫の置かれている状況を可能な限り広い視点で捉え、人間と犬や猫との関係はどうあるべきかを改めて考えてみたいと思う。

少子高齢化が叫ばれ、共同体意識の低下が進む地域社会の中で、あるいは独り住まいや核家族化が浸透している中で、果たして犬や猫は正しく飼われているのだろうか。心配なところである。犬や猫に対する過剰な愛情は「いじめ」に通じるが、そのへんはどうなっているのか気になるところである。

本書で強調したかったことは、犬と猫の幸せにとって何が一番大切なのか、ということである。何よりも犬や猫の基本的な生態や習性を知って飼うことが必要だ。子どもと追いかけっこをする遊びたがり屋の犬や、虫も殺さぬような可愛らしい猫だが、実は強烈なハンターだった過去をもっている。まさかと思うかもしれないが、野生のイヌ科、ネコ科動物は、肉食性であり、もっとも獲物を倒すのがうまい動物なのである。そして、犬や猫を友とした人間は、彼らのおかげもあって今まで生きてこられたという歴史をもっている。そして犬や猫にも人間にうつる病気があって、感染症、特に狂犬病などは決して過去の病気ではないことをぜひ知ってほしい。

犬や猫の医療費や保険、葬儀やお墓、ペットフードの安全性などについては、今、どんなことが課題なのか、問題の提起を試みた。

世の中はペット大好きとそうでない人が一緒に暮らしているのだから、犬や猫の習性を学ぶと同時に人の心を読まなくてはなるまい。自分が可愛いと思っているのだから、他人も可愛いと思うはずというのはまちがいである。人間が幸せならば、犬や猫も幸せ……というのではなく、犬や猫が幸せならば人間も幸せなのである。犬や猫とのよりよい関係が生まれれば、と思うのである。

「ねこの幸せ　いぬの幸せ」もくじ

まえがき……3

プロローグ　**幸せそうな犬とあまり幸せそうでない猫**……17

1章　人と犬の深い関係はどのようにしてできたか……23

人と犬との出会い……24

一緒に暮らし始めた人と犬……26

日本人と犬の暮らし……28
死刑、島流しなど厳罰の多かった「生類憐れみの令」……30
恐ろしい狂犬病が流行した江戸時代……33
狂犬病はいまだに流行の可能性が高い病気……36

2章　人と猫の濃密な関係はどのようにしてできたか……39
人と猫との出会い……40
イエネコの誕生と広まり……42
ネズミの大発生とペストの恐さ……46
「魔女の手先」と言いがかりをつけられた猫の悲しい歴史……48
日本のイエネコはどこからきたか……52
日本で最初に付けられた猫の名前は「命婦のおもと」!?……54

ペスト撲滅のため「一家に一匹、猫を飼う制度」の導入をすすめた細菌学者ロベルト・コッホ……56
今やはたらくというより癒し系、遊び仲間としての猫……59

3章　動物を飼う人に知ってほしいこと……61

動物を飼うことの責任……62
飼い主に守ってほしい「五ケ条」……63
これからペットを飼う人に知ってほしいこと……65
動物取扱業者に対する規制……67
周辺の人たちの生活環境に対する気づかい……69
危険な動物を飼うケース……70
あとを絶たない動物への虐待……72

虐待され、やがて保護された子犬のはなし……75
捨て犬と出会った忘れられない思い出……78
世界の金融危機の影響が動物にも波及……80

4章　犬と猫の権利と福祉について……83

動物の権利とは……84
ユネスコの「新世界動物権宣言」……88
動物愛護に対する教育の大切さ……90
中国での狂犬病大発生を受けた犬・猫輸入検疫と農林水産省の取り組み……91
日本人が国外で狂犬に咬まれ、発病!!……93
日本でもいまだに脅威の狂犬病とペスト……95

5章　人間と動物が幸せに暮らすための取り組み……97

犬の戸籍と住民票……98
未接種は罰金！狂犬病予防ワクチンは必ず接種しよう……99
思わぬトラブルを防ぐために犬は鎖や綱でつなごう……101
犬と猫は毎年どのぐらい捕獲されているか……103
殺処分をめぐる議論―「炭酸ガス吸入法」は是か非か……105
殺処分を減らすための努力……108
新しい飼い主を探すためのさまざまな試みと里親制度……110
オバマ家のボーについて……113
犬・猫の福祉にかかわるおもな公益団体……116

6章　大災害、そのとき犬と猫をどう守るか……119

約一万匹の犬や猫が死んだ阪神・淡路大震災……120
火山噴火で避難する場合の対応……123
ハリケーン「カトリーナ」での保護・救出の体験……127
災害に備えたペットとの避難訓練や救護の態勢作り……130
いざというとき威力を発揮するマイクロチップ……133

7章　人と共に変わる犬と猫のライフスタイル……137

ペットの家族化が進んでいる……138
増えている犬・猫との共生型マンション……141
「ドッグカフェ」や「猫カフェ」の相次ぐ登場……144
毛皮の上に毛皮を着せる過剰な愛情……146

犬・猫の健康クラブや温泉も登場……148
旅行のとき、犬と猫をどうするか……151
動物虐待になりかねないペットの美容整形……154
「ペットへの遺言書」も登場……156
愛を誓い「首輪の交換」を行うペットの結婚式……158
地域猫の現状と課題……160
地域とともに自治体のかかわりも重要……163

8章　犬・猫の食生活とペットフードの安全性について……165

本来の犬と猫の習性をふまえた食生活を……166
ドッグフード・キャットフードはどんな原料から作られているか……169
海外での事件をきっかけに、日本でもペットフードの安全にかかわる法律が成立……170
ぜいたく過ぎる商品は、犬や猫を本当に幸せにするだろうか？……174

9章　ペットの医療と保険について……177

犬・猫の病気――とくに恐い伝染病……178
犬の代表的な病気……180
猫の代表的な病気……182
犬・猫に共通する寄生虫による病気……184
犬・猫における医療ミスと裁判の一例……185
動物病院によって大きな開きがある医療費の実態……188
救急外来の現状と課題……190
医療費をめぐるトラブル……192
医療の高度化とペット保険の現状……195

10章　家族の一員を葬送するさまざまなかたち……199
いつかは別れのときが……200
悲しみにつけ込む悪徳業者には気をつけよう……204

11章　ペットビジネスをめぐる諸問題……207
なぜ起きた？「ハスキー犬の悲劇」……208
ブリーダーの質が問われている……212
ネット取引でのトラブルを防ぐために必要な飼い主の意識……214

あとがき……219

●プロローグ●

幸せそうな犬とあまり幸せそうでない猫

我が家の近くの公園を歩いていたとき、幸せそうな犬と、あまり幸せそうでない猫に出会った。

犬は赤い革のリードをつけて自転車に乗った飼い主の買い物用のかごに入れられていた。ピンクのリボンとピンクのベストをつけている。舌をチョコッと出し、風上に顔を向けて気持ち良さそうである。だが、地面を歩いたことなどなさそうだ。

カルガモが泳ぐ小さな池のほとりにちょっとした小山がある。そこには、小さな公園にしては大きなクスノキが植えられていて、根元のあたりにツバキの茂みがあり、赤い花をつけていた。

花を眺めていたとき、その茂みの奥に真っ黒な猫が一匹、隠れていることに気づいた。うずくまって、じっとこちらを見つめている。警戒しているのだ。かすかな葉音を感じふと見上げると、枝の上に子猫が二匹、こちらを見下ろしていた。野良猫だ。

何かに驚いて、子猫は安全な木の上に駆け上ったのだろう。見上げていると、ツバキの茂みから出てきた猫、おそらく親猫だろうが、日当たりの良い石垣の上にヒラリと跳び登り、そこでゴロンとなった。

と、そこへ一人の老人がやってきた。日なたに腰を下ろし、ポリ袋から紙包みを出した。横たわっていた黒猫がむっくりと起き上がり、老人の方を眺め、スタスタとそちらに向かって歩き出した。それを見た木の上の子猫がズルズルと木を降りて、走りよった。老人は紙包みを開くとコンビニの弁当を取り出し、ふたを開け、猫に何か語りかけた。そして一人と三匹の食事が始まったのである。

幸せそうな犬と、あまり幸せそうでない猫……。果たしてどちらが本当の意味で幸せなのだろうか。

ペットショップに行くと、可愛い子犬や子猫がたくさん並んでいる。うずくまって眠っている子猫、「私を連れて行って！」とばかりにしっぽを振る子犬……いろいろいる。みんな連れて帰りたくなるほど可愛らしい。そこでお金を払えば、もうその可愛らしさはあなたのものだ。

美味しい食べ物をあげて、ときどき散歩に行く。かわいい、かわいいと遊んだり、シャンプーしてあげたり……それは夢のような世界がよぎる。

しかし、である。その前にちょっと考えて欲しい。やらねばならないこと、知っておかなくてはならないことがいろいろあるということを。ペットを飼うには、国の法律で決められていることがある。それに違反すれば、犯罪。犯罪ということは逮捕されることもある。そして有罪となれば、牢屋に入るかもしれないのだ。

そして、毎日たくさんの犬猫が捨てられ、捕獲され、殺処分にされていることも知ってほしい。とくにその原因について。

犬猫はもともとは野生動物だった。それが人間に飼いならされ、家畜として何かと人の役に立ってきた。友だちのようになったのは、ごく最近のことである。もしも犬猫を家畜にしていなかったら、人類の今の繁栄はなかったもしれない、と私は考えている。人類が飢えたとき、犬は人間の狩りを手伝うことで餓死から救った。野生動物から感染したとされる狂犬病は確かに人間に害を及ぼしているが、これは日本の場合、しっかり飼育することと殺処分という方法で解決された。ペストという死の病が流行したとき、猫によってかなり救われた。ペスト菌を媒介するネズミを駆除したのだ。日本でも猫を飼うことが奨励され、家猫であろうが野良猫であろうが大切に扱われた。そんなこともあってペストは大流行することなく収まった。だが、今や野良猫は多くの人々の目の敵である。不潔、臭い、池の金魚を獲る……など、不評だ。猫なんか駆除してしまえ！という人もいる。

いずれにしても、犬猫はずっと犬猫のままであり続けたわけで、人間の都合で大切にされたり、邪魔者にされたりしてきたのである。もし犬猫が友だちならば、どんなときも変わらない態度と思いやりで接するのが人の道というものではないだろうか。溺愛したり、虐待したり、人間の都合が優先されている。そんなことでは恥ずかしいと感じなければなるまい。犬猫のことをよく理解して付き合うことが、犬と猫の幸せにつながると私は思う。

1章

人と犬の深い関係はどのようにしてできたか

人と犬との出会い

今から約二〇万年前、人類の祖先であるクロマニヨン人が地球上に現れた。彼らはやがて高い知能を持ち、火や道具を上手に扱うことをおぼえ子孫に伝えながら、果実やイモ、小さな動物、魚や貝などを集め、大型動物を狩って食べ、それがなくなると移住して世界中へちらばり、進化していった。そしておよそ三万年前、南アジアから南西アジアに住みついた部族が犬を飼うことを始めたと考えられている。

この犬の元はおそらくインドオオカミかアラビアオオカミに似た野生の犬で、その中のあるものが人の捨てる骨などを食べるようになっていったのだろう。狩りで生活する純粋な野生の犬ではなく、人に依存した半分野生の犬である。これが飼い馴らされたのが現在の犬の祖先に違いない。

初めの頃、半野生の犬を人は、捕まえたら食べていた。しかし、子犬を捕まえたときは、飼ったのだと思われる。子犬なんか食べても肉はほとんどないということを知能が高い人は当然知っていたはずだ。

どんな動物でも子どもの頃から飼育すると、人によく馴れる。これは「刷り込み」といって、子どもの頃に初めて接した大きくて優しいものを親と思う習性があるからだ。野生の犬は知能が高く、リーダーがいる秩序ある群れで暮らす動物で、いくら人に依存した暮らしをしていても、そのような動物の基本的な習性はなくなることはない。

成長した犬の中で、元の野生の犬のように性質が荒いものは食べられ、おとなしくていつまでも子犬のように尻尾を振るものは食糧危機にでもならない限り、そのまま飼われたにちがいない。こうして次第におとなしい犬が増えていったのだろう。

「仲間の気持ちを推しはかり、相手の感情

を読み取ったりすることができる」人は、このころから犬だけでなく、自然や動物、とくに狩りの対象となる動物を「神のような存在」として崇めるようになったと思われる。ある年はたくさん現れて豊かに暮らせたかと思えば、ある年にはまったく姿を消し、ひもじい思いをする。動物の不思議に満ちた世界が、人々を畏れさせたのだ。

ある部族は生活そのものを獲物の生活に合わせることで、飢えから逃れた。バイソンの群を追い求めたアメリカインディアン、トナカイに依存した暮らしを送るラップランド人などである。人は狩りの成功を祈るようになり、動物と心を通わせる努力をしたに違いない。最も身近にいた動物である犬とは、特に心を通わせようとしただろう。こうして人と犬は親密になっていったのである。

一緒に暮らし始めた人と犬

約二万五〇〇〇年前の中東の遺跡から犬の化石が発見されていることから、犬が家畜化された時期はそれよりも前のこととされる。また、オーストラリアの三万年前の遺跡からディンゴ（オーストラリアの野生犬）の化石が出ている。人は何度も南アジアからオース

トラリアへ渡ったが、そのとき家畜になったばかりの犬を連れて行ったと考えられる。
フィンランドの古脊椎動物学者B・クルテンは、「三万五〇〇〇年ほど前、放浪を続けるクロマニヨンの部族がネアンデルタール人のなわばりであるヨーロッパに入り込んだとき、おそらく彼らは犬を伴っていたにちがいない」と述べている。そのころにはもう、犬は家畜化されていたようだ。そのことで人は狩りの名手になったのである。
犬のおかげでマンモスやヤギュウなどの大形動物だけでなく、茂みに潜む素早いノウサギやキジなどの小形動物が手に入るようになり、飢えることがほとんどなくなったにちがいない。

犬は番犬としても非常に優秀である。オオカミ時代の習性で、縄張りに入ってくるものがあると、吠えることで仲間に知らせる。人は夜でも安心してぐっすりと眠ることができた。こうして犬は人が安住し、繁栄していくためのパートナーになっていった。

やがて気候変動と温暖化が起こった。ネアンデルタール人は環境の激変で寒冷な気候に適応していたマンモスやヤギュウなどの大形草食動物を失い、飢えることになったが、クロマニヨン人は犬のおかげで小形の鳥や獣を食べることができ、生き延びることができたといえるだろう。

世界各地の遺跡から犬の化石が出ており、世界中のほぼすべての民族が犬を飼っていたことを示している。犬は番用であり狩猟用であり、また万が一のときの食糧でもあったのだ。

日本人と犬の暮らし

日本列島に最初にやってきた犬は、縄文人に連れられていた「縄文犬」と呼ばれるものである。およそ九五〇〇年以上前のことで、愛媛県久万高原町の国史跡「上黒岩岩陰遺跡」から見つかった約八〇〇〇年前の縄文時代早期のものは、人とともに二匹が埋葬されてい

た。人並の扱いを受けた犬の化石は東アジアで最古級の貴重なものである。
縄文犬がどのように飼われていたのかはわかっていないが、遺跡の調査から、縄文人にとって犬は狩猟の補助犬であり番犬であったとされる。そして時々は「子どもたち用のペット」あるいは「湯たんぽ犬」になっていたかもしれない。
その後の弥生人も犬を連れていただろうが、このころには農業が発達しており、狩猟犬よりも番犬としての要素が強かったと思われる。というのは、現在でも問題になっているが、農作物を作ると、田畑をクマ、イノシシ、シカ、サルが荒らしに来るからだ。現在、畑や果樹園などでは電気柵やネットで囲んだり、忌避剤を撒いたり、さまざまな対策が採られているが、「ベアドッグ」「モンキードッグ」などと名づけられたクマ追い犬やサル追い犬を用いる方法も効果を上げている。いずれにしても弥生時代とはいえ犬なくしては農作物が採れず、飢えに苦しんだに違いない。

死刑、島流しなど厳罰の多かった「生類憐れみの令」

猟犬でも番犬でもない、もっぱら愛玩用とされる「ペット犬」が本格的に日本に登場したのはいつのことだろうか。国立歴史民族学博物館の西本豊弘教授によると、犬に名前を付けてかわいがるようになったのは四～五世紀の古墳時代、権力者が飼い始めた頃だという。当時の応神天皇（西暦四〇〇年前後といわれる）が、〝マナシロ〟と名付けた犬を埋葬した話が風土記に載っているそうである。

江戸時代になると、小型犬の狆《ちん》が上流武家の女性たちに可愛がられたことはよく知られている。犬公方《いぬくぼう》とあだ名がつけられた江戸幕府第五代将軍徳川綱吉（一六四六～一七〇九）は、この狆を一〇〇匹も飼っていたといわれる。綱吉は、自身が戌《いぬ》年生まれであったためともいわれるが、一六八二年、犬の虐殺者を死刑に処した。一六八五年七月、将軍御成り

の節には、犬や猫を外に出していてもかまわない、犬・猫を繋ぐことは無用とすべし、との令を出した。

一六八七年に出された「生類《しょうるい》憐《あわれ》みの令《れい》」は、今でいう動物愛護法のようなものである。とくに犬を大切にしたということでよく知られているが、犬だけでなく、猫や馬、サル、ネズミなどの哺乳類、ツルやトビなどの鳥類、さらにはヘビ、カメ、イモリ、金魚、貝類、キリギリスやマツムシなど生きもの全般に及んだ。これらの生きものを殺傷する者をきびしく罰したのである。

たとえば、一六八七年四月には武蔵国の村民一〇人が、病気の馬を遺棄したとして神津島などへ島流し。同年六月には旗本の秋田《あきた》采《うね》女季品《めすえしな》が吹矢でツバメを撃ったため、代わりに同家の家臣多々越甚大夫《たたこしじんだゆう》が死罪。一六八九年一〇月には、評定所の前で犬同士が喧嘩をし、片方が死亡したため旗本の坂井政直が閉門。一六九五年一〇月には、これらの法令違反をしたとして大阪の与力はじめ一一人が切腹、子は流罪と凄まじい。

それだけではなく、犬の飼い主には飼い犬の登録が義務付けられた。飼い犬の毛色、性、年齢などの特徴を犬目付《いぬめつけ》へ届け出て、「御犬毛付帳《おいぬけつけちょう》」に記帳しなければならない。飼い犬が病気になれば、獣医ならぬ犬医者の治療を受けさせ、死亡すれば犬目付に届け出たのち無縁寺に埋葬しなければならず、飼い犬が行方不明にでもなれば犬目付のきびしい取り調べを受けなければならなかったという。

あまりに飼養管理が厳しかったために、逆に犬を捨てる人が多く、かえって野犬が増えたともいわれる。それでなのか、一六九五年一〇月に現在の東京・中野のあたりに一六万坪に及ぶ広大な野犬の収容所が完成している。多い時期には、そこには実に八万匹が飼われていたとされる。「元禄の大飢饉（一六九五～九六年）」のさなか、犬一匹につき一日に白米三合、味噌五〇匁（約一九〇g）、干しイワシ一合を与えたというから、人間以上に良いものを食べていたのだ。

「生類憐みの令」は最悪の法律とされたが、元禄時代を経て一七〇九年に綱吉が死ぬまでの二二年間も続いた。幕府は、綱吉が死亡するや否やその法律の廃止を決定。この時、江戸市民の中にはこれまでのお返しとばかりに犬を蹴飛ばしたりしていじめる者もいたという。

恐ろしい狂犬病が流行した江戸時代

鎖国政策の中でも唯一開港していた長崎では、もともとブタやニワトリなどを料理に使うことが多く、「生類憐みの令」はなかなか徹底しなかったらしい。長崎の町年寄りは、一六九二年と二年後の一六九四年に、「長崎では殺生禁止が徹底していないので今後は下々の者に至るまで遵守せよ」、という内容の通達を出しているが、その通達の中でも、長崎にいる唐人とオランダ人については例外としてブタやニワトリなどの肉類を食べることを認めていた。

しかし、この長崎で一七三二年に狂犬病が発生した。狂犬病というのは、狂犬病ウイルスを病原体とする感染症で、ふつうは感染した動物の咬み傷などから唾液と共にウイルス

が伝染し、傷口や目・唇など粘膜部を舐められたりした場合などに感染する非常に危険性が高い病気。犬だけでなく人を含めたすべての哺乳類がかかる可能性のある人獣共通感染症である。

中国から長崎に渡来した船に乗っていた犬から感染したとされる。それまでも中国や朝鮮からの輸入犬が元になって、狂犬病の小規模な流行があったと推測されているが、このときは「生類憐みの令」によって野犬が増加していたのが悪かったのだろう。狂犬病は潜伏期間が約二週間以上と長いため、人馬などの移動とともに、たちまち東へと感染が広がった。

一七三六年、野呂元丈《のろげんじょう》は『狂犬咬傷治方《きょうけんこうしょうちほう》』

の中で、「それ狂犬の人の咬ふこと、我邦古来未だこれを聞かず、近年異邦より此病わたりて、西国に始まり、中国上方へ移り、近頃東国にもあり」と述べている。また、長州藩の記録『御触控目録《おふれひかえもくろく》（山口県文書館所蔵）』には、狂犬は「はしか犬」または「麻疹犬」と記されており、その初見は一七四〇年となっている。

津軽藩の『永禄日記』には、「一七四一年正月に狂犬が増え、これに食いつかれて死人が出た。馬やニホンオオカミにも病気がうつったらしく、あちこちに死んでいる」といった意味のことが書かれている。

狂犬病は一〇年ほどで全国に広がったのである。現在でも手の施しようがなく、咬まれて発病すれば死亡率はほぼ一〇〇%。発病してから二~七日後には脳神経や全身の筋肉が麻痺を起こし、やがて昏睡状態に陥り、呼吸障害によって死亡する。これほど恐ろしい病気も少ない。

明治時代になり、再び狂犬病が各地で発生。特に人口も犬の数も多かった東京では、しばしば狂犬病の流行に悩まされたようである。一八七〇年に狂犬病の発生が郊外にも及び、引き続き発生がみられ、東京府では一八七六年に畜犬規則を定めた。しかし、その後も狂犬病の発生はおさまらず、一八八一年には畜犬取締規則が制定されたが、それ以降も狂犬病の流行が続き一八八六年には東京府下で七名の狂犬病による死者が出た記録がある。

狂犬病はいまだに流行の可能性が高い病気

一九一八年、神奈川県で、翌年には東京で犬の集団予防接種が開始された。その効果は抜群で、狂犬病の犬および咬傷被害者がみるみる減少した。これにより一九二二年には家畜伝染病予防法が制定され、犬だけでなく、狂犬病を発病したすべての家畜の殺処分が定められた。全国の狂犬病発生件数は増加し続けていたが、この法律が施行されて以来、東京では次第に減少し始めていた。

しかし、一九二三年には、流行の中心は大阪に移り、狂犬病の犬は一三三八匹に達して全国発生の約半数を占めた。またあまり狂犬病の発生がみられなかった北陸、四国でも狂犬病が発生し、全国規模の流行となった。同年発生した関東大震災の混乱で、東京でも翌一九二四年には狂犬病の発生が七二六件と再び激増。大阪でも六〇〇件以上、神奈川県と兵庫県でも二〇〇件以上となり、国内では史上最多の発生件数に達した。

一九二五年から飼い犬の予防接種と野良犬の取り締まりが強力に進められた。大阪での大流行も一九二九年の一一六件を最後に急激に減少し、翌年には全国発生件数が二桁になり、一九三三年から一九四三年までの発生件数はわずか一～二一件となっている。

狂犬病は、第二次世界大戦後の一九四八年以降、混乱期による一時的な増加や生活の改善により増えた飼い犬が原因とみられる発生もあった。しかし、一九五〇年の狂犬病予防法施行による飼い犬の登録とワクチン接種の義務化、徹底した野良犬の捕獲によって一九五〇年以来、日本国内では犬、人、ともに狂犬病の発生はなくなった。いまだに狂犬病が広く存在する諸外国にくらべて、一つの大きな成果である。

一方で捕獲した犬はすべて「殺処分」という方法が残った。アライグマなどの食肉類のペットから狂犬病が伝播する恐れもあり、「いつ流行してもおかしくない」といわれるが、捕獲した犬をやみくもに殺すという方法については、ほかの方法も含め、議論が必要だと私は考えている。

2章

人と猫の濃密な関係はどのようにしてできたか

人と猫との出会い

人間は動物を飼い馴らすことに成功した結果、現在に至るまで繁栄してきたといってよいだろう。空腹時にはウシやブタの肉を食べ、寒い時にはヒツジやヤギの毛皮をまとい、重い荷物は馬やラクダに運搬させてきた。現在でも環境の厳しい土地のツンドラではトナカイや犬、砂漠ではラクダ、高山ではラマ、アルパカ、ヤク、荒地ではロバ、ヤギ、ヒツジなど、人間は家畜と共存した生活を送っている。

犬の家畜化よりその歴史はずっと浅い猫であるが、それでもおよそ一万年前までには家畜になっていたと考えられている。

猫は食用でも労役用でもなく、初期の用途はネズミ駆除用だった。農業が発達し、人は食物を貯蔵するようになった。そこで猫は「食糧庫の番人」としての能力を発揮しだしたのである。

猫が人間に飼われていたもっとも古い記録は、最近の発見によれば、地中海のキプロス島南部にある九五〇〇年前の遺跡の墓地から人の骨と一緒に見つかったものだ。三〇歳く

らいの高貴な人物と一緒に埋葬されたとみられている。

人間と猫との付き合いは、この発見までは、古代エジプト時代がもっとも古いものとされてきた。今から約五〇〇〇年前頃の初期王朝の墓を飾るフレスコや壁画に猫が描かれ、同じく四七〇〇年前頃の壁画には首輪のある猫が登場したことから、この時代には猫が飼育されていたと考えられてきた。

最初に猫が家畜化された場所はおそらく西アジア、今の中東付近だったと考えられる。この地域に住む人々が遊牧生活から定住生活へと暮らしを変えた時期とほぼ一致している。一ヵ所に定住することは、畑を耕し作物を栽培していたということで、ネズミ駆除用に猫を飼っていたと考えられる。

同じ頃穀物倉庫に集まる野ネズミの害を防ぐために、古代エジプトの人々が猫をたくさん飼育するようになったようだ。そのため、あたかもイエネコの発祥の地が古代エジプトだったかのようにいわれてきたのだと思う。

イエネコの誕生と広まり

人間はすでに犬を飼い馴らしていたから、どんな野生動物でも、小さなうちであるほど、馴らしやすいことを知っていた。同じ腹から生まれた兄弟でも、馴れやすい個体とそうでない個体とがいることが分かっている。ネズミを求めて人家に近づいてくるヤマネコを飼い馴らすのは簡単だったに違いない。狩りに出かけていた人が、犬が走っていった先の巣穴に残された子猫を見つけることもあっただろう。

古代の人々は、ヤマネコが穀物を荒らすネズミを捕まえることを知るようになり、意識的に手元に置くようになった。こうして今のイエネコの祖先が誕生したのだと考えられている。

今では昔のように崇拝はされていないようだが、古代エジプトの人々にとって猫は、愛の女神バステットに仕える聖獣として崇拝されていた。ギリシャの歴史家ヘロドトスは、紀元前四五〇年頃エジプトを訪れ、そこでは猫を殺せば死刑、家の中で猫が死ねば家族全員が眉を剃り落として喪に服さねばならなかったと書いている。少し大げさかもしれないが、古代エジプト人の猫に対する感情は宗教に近いもので、猫が死ぬとミイラにして、来世でも困らぬようにネズミと一緒に棺に入れたことは事

実である。また、猫は供物として、墳墓に埋められもした。こうした猫の数は半端ではなく、実に数百万匹と推定されている。このように、古代エジプト人は猫を聖獣として崇拝していたから、猫の国外持ち出しは厳禁にされていた。

しかし、地中海東岸の古代国家であるフェニキアの商人たちは、密かに持ち出してローマやペルシャで高く売ったのにちがいない。エジプトのイエネコは、こうしてインドや東南アジア、さらにヨーロッパへと秘密裏に少しずつ渡っていったのである。

記録によれば、インドでも古い時代

から猫が飼われていた。紀元前二〇〇〇年頃のサンスクリット文字で書かれた文章の中に猫が登場している。インドの女性たちは、蓄えた穀類をネズミから守るために猫を大切に飼ったといわれる。中でも、白い猫は夜に出歩くネズミを追い払うので重宝され、また月の象徴として敬われていた。

中国では紀元前一〇〇〇年頃に、蚕《かいこ》の繭《まゆ》をネズミから守るために、猫がすでに飼われていたといわれ、孔子も猫を飼って非常に愛したといわれる。これも元は西アジア、あるいはエジプトから密輸されたのにちがいない。ネズミに仏教の経典を荒らされないように、インドの猫が教典とともに輸入されたともいわれる。

ペルシャネコやタイのシャムネコの祖先などは、この密輸がもとになって商人の手から手へと伝わって遠くオリエントまで旅をしていった。短毛種の代表であるシャムネコは、古くからタイ(旧シャム)の宮殿や大寺院で「門外不出の秘宝」として飼育されてきたといわれるし、長毛種の代表であるペルシャネコは、アフガニスタンで古くから飼われていたネコが突然変異で長毛になり、それをもとに作り出された品種なのである。

ヨーロッパでイエネコが広く行きわたるようになったのは、ローマ帝国の力があったと思われる。この当時の猫は、もっぱら、ネズミを捕るきわめて実用的な動物として飼われ、ローマ人たちはそんな猫をとても可愛がった。

紀元前五〇年頃にはローマ帝国のシーザーがエジプトにいき、クレオパトラと出会っているが、このシーザーの遠征はエジプトの猫をヨーロッパ全土へ広めるきっかけになったと考えてよいだろう。紀元一〇〇年頃には、ローマ帝国は北へ拡大し、現在のイギリスやノルウェーにも持ち込まれたと考えられる。それまでヨーロッパでは、ネズミ退治はイタチ科動物のフェレットの役目だったが、四世紀には猫がそれに取って代わったのである。

ネズミの大発生とペストの恐さ

日本でもそうだが、ヨーロッパにはもともとペストを媒介するクマネズミとドブネズミはいなかった。ところが一〇〇〇年から一一〇〇年頃、それまではおそらく中央アジアで野生生活をしていたものが、突然、大増殖して移動しはじめ、まず中東に入り、そこからヨーロッパに侵入し、おもに人家に棲みつくようになった。

一二〇〇年にはすでに全ヨーロッパに広がり、各地で大発生を繰り返した。当時、クマネズミは人家の中を不潔にするだけではなく農作物の大害獣であって、専門の「ネズミ殺し」なる職業の人が各地を回っているほどであった。

この時点ではまだペストは流行らず、ネズミの食害だけが問題となっていた。ところが一三四六年のこと、中央アジアにいたタタール人が武力をもって侵入してきた。彼らはネズミとともにペスト菌をもってきたらしい。

病気は、まず現在のイタリアあたりからはじまり、その年のうちに中東、エジプト、北アフリカへと広がり、翌年はトルコ、ギリシャに、そして一三四八年にはスペイン、ドイツ、フランス、イギリスをおおった。ネズミがすでに大量に棲みついていたために、一気にペストが流行った。

一三四七年から一三五〇年にかけてヨーロッパでこのペストが大流行したとき、当時の全ヨーロッパ人口の四分の一である約二五〇〇万人もの人間が死んでいる。

一四世紀以後、ペストは大流行こそしなかったが、ちょっとでも油断するとたちまち発生し、何百人もの人が死んだ。そのため、イギリスなどではネズミを獲ってくれる猫を家の守り神のようにしていたのである。

「魔女の手先」と言いがかりをつけられた猫の悲しい歴史

新しくやってきた生き物は、その地に棲みついた直後は爆発的に増え、一度は極限状態にまで達する。すると棲息地や食物が不足し、仲間同士の競争が起き、ずっと数が少なくなって安定するものである。ところがヨーロッパのネズミの場合、数が安定する前にペストが大流行してしまった。しかも、まずいことが猫たちの身に起こった。猫は「魔女の手先」だと言われるようになったのだ。恐るべき「魔女裁判」が開廷されるようになったのである。

この、キリスト教史を暗黒に彩る魔女裁判が行われるようになった一つの原因は、ペストによる社会不安を抑えることにあったとみられている。魔女裁判では拷問が用いられ、自白が強要された。拷問によっても自白しないときには、自白しないということが悪魔によって守られている証拠だとして断罪されたのだからたまらない。

魔女がほうきに乗って空を飛ぶとか、大釜で異様なスープを煮こむといった典型的な魔女像も、このころにつくられたものである。正確な数はわからないが、魔女狩りが全盛期

を迎えるまでに犠牲者はすでに一〇万人を超えたとされる。一六〜一七世紀の魔女狩りの全盛期には、ドイツ、フランス、イギリスなどで、子どもをふくむ多数の人間が魔女の名のもとに裁判にかけられて処刑され、その犠牲者の数は数十万人にのぼるともいわれているのだ。

ところで猫だが、恐ろしい魔女のイメージと結びつけられ、人々から憎悪されたあげく、火の中に投げ込まれた。それも数えきれないほどの猫が生きたまま火の中に投げ込まれたのだから驚く。とくに黒猫はひどい目に遭った。猫の夜に出歩くという習性が魔女の集会と結びつけられ、また人に犬ほどなつかない性質やひっそりとした生活が誤解を生み出したのだといわれている。猫は魔女の化身や使者として徹底的に嫌われ、殺されたのである。

魔女狩りは一八世紀に入って啓蒙思想が普及するとともに下火となったが、魔女信仰はその後も根強く生き続け、イギリスで魔女禁止令が廃止されたのは今からわずか五八年ほど前の、実に一九五一年のことである。

人間は、猫をネズミを獲ってくれるありがたい動物だと考え、一方では魔女の手先だとして殺す。まったく矛盾している。人間の行動にはあきれる。

こうした迷信のいくつかは今でも根強く残っている。たとえば、黒ネコが目の前を横切れば、不幸の前触れと考えて嫌う人がいる。黒猫は、中世ではもっとも嫌われていた猫なのだそうだ。ところが、逆に猫に出会うのは幸運の印と考える人もいるのだから、いかに迷信というものがいい加減なものであるかがわかる。

それにしても人々が猫に対する科学的な知識を持っていたら、決してそんなことは起こらなかったに違いない。つくづく「正しい知識」が大切だと思う。今でこそ猫は、のんびりと日なたでくつろいでいるが、そんな残酷なめにあった時代もあったのである。

こんなに虐待された過去があるのに、今でも猫は人間を信頼しているのだろうか。人間の姿を見ても、そうそう逃げる猫はいない。人間は優しくなったり、冷たくなったり、怖

そうになったり、時としていろいろ変わるが、猫の方は変わらず、いつの世も素直で正直で自由で、ずっとまともであり続けたのである。
　中世の魔女迷信の被害者だったことを除けば、ずっと猫は大切な食糧をネズミから守ってくれるありがたい動物とされてきた。
　猫という生き物は、ネズミなどの小形動物を捕らえることに関しては天才である。犬は仲間と群れを組んで生活しているのが基本だから、ふつうは自分よりも小さな獲物は狙わない。獲物を捕らえるときの労力の方が、獲物を食べて得られるエネルギーよりも大きいからだ。群れをなすオオカミやリカオンなどの野生のイヌ科動物が自分よりもはるかに大きな獲物を追うのは、みんなで食べても十分な肉があるからなのである。

これとは反対に猫は単独性の生き物である。ゆっくりと静かに歩くが、これもエネルギーを節約するためであり、獲物を待ち伏せし一瞬で捕らえる。小形のヤマネコ類は下生えの中を動き回るネズミや、地面に降りて食べ物をついばむ小鳥が主な獲物だが、これでエネルギー的には十分なのである。

日本のイエネコはどこからきたか

現在、日本には二種のヤマネコが棲んでいる。長崎県対馬のツシマヤマネコと、沖縄県西表島のイリオモテヤマネコである。このヤマネコが日本本土に棲み、人に飼い馴らされた可能性はないのだろうか。

日本の遺跡から猫の化石が出ており、縄文時代中期よりも古いと推定されているものもある。しかし、これらはどれもイエネコではなく、ずっと大型の野生のヤマネコである。それもシベリアなどに今も棲んでいるオオヤマネコのものも含まれていた。どれもイエネコよりずっと大形で、特徴も完全なヤマネコのものだ。やはり日本のイエネコは国外から持ち込まれたと考える方が正しい。

イエネコが日本へ渡来した時期については、残念ながら、あまりはっきりしていない。しかし、イエネコは古くは「唐猫《からねこ》」と呼ばれており、遣唐使の時代（七五〇年頃、奈良時代）に仏典と一緒に中国から入ってきたというのが一般的である。ところで、唐猫という名称があるということは、ひょっとすると、もっと前から日本在来の「和猫」なるものがいたかもしれない。

最近の遺伝学的な研究からも、猫はインドから中国をへて渡来したといわれるようになっているが、この方法でも、それがいつのことだったのかまではわからない。

当時、猫は、穀類、蚕の繭、経典類などの鼠害《そがい》防止用家畜として珍重され、古代の遠洋航海用船舶には必ず猫が積まれていた。

猫が初めて登場する最古の書物は『日本霊異記』である、というのが通説である。文武天皇の七〇五年ころに、「豊前の国宮子郡（現在の福岡県京都《みやこ》郡）の膳《かしわで》の臣広国《おみひろくに》なる人の父が、死んでから猫になり、息子の家に飼われた」という説話が載っている。けれどもこれは文字通りの説話であって、動物学でいう猫のことではない。

実際の猫が最初に登場するのは平安時代初期の『宇多天皇御記』とされる。それは八八四年に唐から渡来した黒猫で、宇多天皇は父の光孝天皇から賜った黒猫をこよなく愛され、その猫の姿や習性を八八九年二月六日のくだりに丹念に記されたのである。それによれば、「その唐猫は墨のように漆黒で、大きさは…（換算すると体長四五・五㎝、体高一八㎝）、体は伸縮自在で、頭を低くし、尾を地に着け、足音を立てずに歩く。ネズミを捕るのがほかの猫よりもずっとうまい。口はきけないが人の言葉が分かるようだ」といったことが記されている。

この記述からすると、イエネコは八八四年（平安時代初期）に中国からきたものであること、黒猫と限っているということは、もうこの時代にはさまざまな色合いや模様のイエネコがいたこと、ほかの猫よりネズミ捕りがうまいということは、何匹かの猫が飼われていたことなどがうかがえる。

日本で最初に付けられた猫の名前は「命婦のおもと」!?

さて、日本最初の猫の名は、一条天皇が付けたといわれている。それは「命婦《みょうぶ》のおもと」

というもので、まるで人間の貴婦人のような名前である。一条天皇というのは、九八六年から一〇一一年まで在位した天皇で、九九九年九月一九日、宮中で子猫が生まれると、人と同じような儀式を行った。しかも猫に五位の位をつけ、猫の飼育係に女官を任命したほどの愛猫家だったという。

当時、宮中に飼われていた猫は、赤い首輪に白い札をつけ、紐でつながれていた。紐にじゃれついて遊んだりして、たいへん「なまめかしい様子」だったと伝わる。この頃すでに首輪がつけられており、いかにイエネコが貴重な生き物だったかがわかる。放し飼いだと、いつの間にかいなくなってしまう猫の習性を知っていたのである。

平安時代後期になると絵画にもイエネコが登場してくる。有名なのは鳥羽僧正（一〇五三～一一四〇年）の作と伝えられる絵巻物の「鳥獣戯画」と「信貴山縁起」である。「鳥獣戯画」には尾の長い踊っているようなトラ毛の猫が三匹、カエルやキツネやウサギなどと共に描かれている。また、「信貴山縁起」には斑《まだら》猫一匹が登場している。どの猫も尾が長く、丸い顔をしている。これはイエネコが人間と親しい動物になったことを示しているといえるだろう。

ペスト撲滅のため「一家に一匹、猫を飼う制度」の導入をすすめた細菌学者ロベルト・コッホ

明治になって急激に近代化を推し進める日本に、かつてヨーロッパ中を恐怖のどん底に叩き込んだペストが侵入した。最初は一八九四年六月上旬のことだ。当時の清国の広東で発生したものが、香港に飛び火し、それから北上してきたという。香港から長崎港に来たアメリカの貨客船の船長は、航海の途中で一人の水夫がペストで死に、水葬したと報告し

た。長崎県庁は、直ちに船内の完全消毒をし、安全が確認されるまでの出港禁止の措置を指令、ペストは見事に水際で防がれた。この年、香港に出向いた北里柴三郎博士が、ペスト菌を発見し、ネズミに寄生するノミが菌を運ぶことを発表した。

しかし、一八九九年一一月に再びペストが侵入し、ついにわが国最初の死者が出たのである。台湾から門司に上陸した二三歳の青年で、徳山から汽車で横浜に戻る途中、苦しかったためか、広島で下車しそこで亡くなった。これをきっかけに神戸、大阪を中心にペストが流行しはじめたのである。神戸では二三人中一九人が、大阪では四四人中四一人が死亡。次いで広島、福岡、和歌山、長崎、静岡でも死者が出た。死亡率は約九〇％。原因はペスト菌を運ぶ感染ネズミと、それにたかるノミで、不潔な都市は、この生き物たちの絶好の棲息場所となる。東京市は、ネズミの買い上げを計画し、「ネズミ一匹五銭、区役所ペスト予防事務支所で買い上げ」などを実施し、数十万匹というネズミが駆除されたが、そう簡単にはペストはおさまらなかった。

北里博士を育てたドイツ・ベルリン大学の細菌学者ロベルト・コッホがその後来日し、ペスト撲滅のため次の提案をした。

①一家に一匹、猫を飼う制度を導入する

②ネズミとりの上手な猫を輸入し繁殖させる
③良い猫を作るために猫の品評会を開催する

などである。ネズミの天敵である猫は、ペストのネズミを食べても病気にならないこと、猫を飼っている町ほどペスト患者の少ないことが分かったために出された提案だった。まさに猫は救世主だったのである。

その後二七年間に大小の流行が起こり、ペスト患者二九〇五人が発生し、死者は二四二〇人に及んだ。日本がペストの根絶に成功したのは、ペスト菌の発見者である北里博士や、彼の指導下でダイナミックに動いた当時の日本政府のペスト防御対策（特にペスト菌保持ネズミの撲滅作戦）にある。猫が大切にされたことはいうまでもない。お陰でペストが、住家性ネズミから撲滅不可能な山野の齧歯類《げっしるい》に伝播するのを阻止できたのである。その結果、一九二六年を最後に、今日までペスト患者は出ていない。

日本では撲滅されたペストであるが、昨今事情が変わり、海外との交流が盛んになるにつれ、ペスト菌常在地域を訪れる日本人観光客、ビジネスマンなどが年々増えている。また同時に、市場の自由化に伴い、ペスト菌常在地域からの資材や食物だけでなく、ペットの輸入も急増している。アメリカの疾病管理予防センター（CDC）は、輸出予定のプレーリードッグがペストに感染して多量に死亡したことから、プレリードッグの輸出入および売買を禁止するよう指導しているが、日本にも多くのアメリカ産プレリードッグが輸入されていることが明らかになった。過去には年間三〜五万匹が輸入されたとの推定もある。厚生労働省は直ちに研究班を作り、実態調査を行った。幸いにして、検査した結果は全て陰性であったが、油断はならない。現在（二〇〇九年七月）、プレーリードッグの輸入は禁止されている。

今やはたらくというより癒し系、遊び仲間としての猫

ペストが流行する一方で、猫は近代文学にしばしば登場。その代表は、もちろん夏目漱石の『吾輩は猫である』だ。この小説によって、作者が作家としての地位を不動にしただけでなく、猫が日本文学史の中に頻繁に現れるようになった。猫の眼を通して見た明治期日本の文明と世相に対する作者の批判は、すぐれて的確なものだったのであろう。

伝説や文学作品ではなく、実際にあった話としての忠誠美談が、洋の東西を問わず犬には多いのに対して、忠猫物語というものは著しく少ない。猫は人の助手や忠僕ではなく、

本来孤独で、自分本位、貴族的な動物である。家畜という概念からややはずれると感じられるのは、このためでもある。
今、人が猫に求めることは、まことにささやかなものである。伝統的な猫の実用性として、鼠害防止は挙げられるけれども、今や猫の世話にならずとも、ネズミを駆除する方法はいくらでもある。
都市でも農村でも猫の頭数は増加を続けている。最近は「ペット」に代わって、コンパニオン・アニマルという言葉が多くなった。犬は仕事仲間という側面はまだ残っているが、猫はもっぱら癒し系、遊び仲間となっている。

3章

動物を飼う人に知ってほしいこと

動物を飼うことの責任

こんな法律があるとは知らなかった！といわれるのが「動物愛護管理法」である。後で述べるが、この法律は、すべての人が「動物は命あるもの」であることを認識し、動物を虐待せず、人間と動物が共に生きていける社会を目指し、動物の習性をよく理解したうえで飼うことを訴えている。そして、動物の愛護と適正な飼養について、人々の関心と理解を深めるため、毎年九月二〇日から二六日を「動物愛護週間」と定めている。

ペットに対する考え方や環境の変化を踏まえて、二〇〇〇年に、動物取扱業の規制、飼い主責任の徹底、虐待や遺棄に関わる罰則の適用動物の拡大、罰則の強化など大幅に改正され、〇六年六月には、「動物愛護管理法の一部を改正する法律」が施行され、動物取扱業の規制強化、特定動物の飼育規制の一律化、実験動物への配慮、罰則の強化などが図られた。

なお、愛護動物とは、ウシ、ウマ、ブタ、ヒツジ、ヤギ、イヌ、ネコ、イエウサギ、ニワトリ、イエバト、アヒル、その他人が飼っている哺乳類、鳥類、爬虫類のことである。

動物愛護管理法にまずはっきりと書かれているのは、動物の飼い主の責任である。飼い主は動物の種類や習性などに応じて、動物の健康と安全を確保し、また、飼っている動物が他人の生命や財産などに危害を加えたり、迷惑をおよぼすことがないように努めなければならない。さらに、無計画に繁殖させないように不妊・去勢手術などを行うことや、動物による感染症について正しい知識を持ち、感染症を予防すること、誰が動物の飼い主であるかをはっきりさせるための措置、たとえばマイクロチップの装着などに努めなければならないことが定められている。

動物を飼うことは、動物の命を預かることだから、飼い主は、動物が健康で快適に暮らせるようにするとともに、社会や近隣に迷惑を及ぼさないようにする責任がある。人と動物が共に生きていける社会の実現には、何よりも飼い主のモラルとマナーが求められる。

飼い主に守ってほしい「五ケ条」

環境省では、犬や猫に限らずペットを飼育する人に対し、基本的に守ってほしいルールを次の五ケ条にまとめて呼びかけている。

①動物の習性等を正しく理解し、最後まで責任をもって飼おう……飼い始める前から正しい飼い方などの知識を勉強する。飼い始めたら、動物の種類に応じた適切な飼い方をして健康・安全に気を配り、最後まで責任をもって飼う。

②人に危害を加えたり、近隣に迷惑をかけることのないようにしよう……糞尿や毛、羽毛などで近隣の生活環境を悪化させたり、道路や公園などの公共の場所を汚さないようにする。動物の種類に応じてしつけや訓練をして、人に危害を加えたり、鳴き声などで近隣に迷惑をかけることのないよう注意を払う必要がある。こうしたことが原因でさまざまなトラブルが発生しているのが現実である。

③むやみに繁殖させないようにしよう……動物にかけられる手間、時間、空間には限界というものがある。きちんと管理できる数を超えないようにし、生まれる命に責任が持てないのであれば、不妊・去勢手術を行う必要がある。数十匹が飼育されている犬屋敷、猫屋敷がニュースになることがあるが、これは虐待である。

④動物による感染症の正しい知識を持とう……人と動物の共通感染症（人畜共通感染症）についての知識を持ち、自分や他の人への感染を防がなければならない。いくら可愛いからといって口移しで食べ物を与えたり、それを逆にもらって食べたりするのは大変危険で

ある。

⑤盗難や迷子を防ぐため、所有者を明らかにしよう……飼っている動物が自分のものであることを示す、マイクロチップ、名札、脚環などの標識をつけることが必要である。

これからペットを飼う人に知ってほしいこと

ペットを飼う前に、ほんとうに飼い続けられるか、家族みんなで話し合うことが重要である。そして、飼うことを決めたら、どこから手に入れるかよく考えなくてはならない。ペットショップやブリーダーから購入する方法や、動物保護施設で飼えなくなったり飼い主不明で保護されたペットを譲渡してもらうなどの方法がある。最近はインターネットでブリーダーを探すケースも多いと思われる。

購入する場合は「動物取扱業の登録」をきちんとしている店であるかを確認してほしい。その業者とは、動物の販売、保管、貸出、訓練、展示を業として行う者である。登録を受けている業者の広告には、必ず登録番号、動物取扱責任者、動物取扱業の種別などが記載されているはずだ。

たとえばペットショップを訪れたら、店内に登録番号が記入された標識を提示してあるかどうかを見る。登録を受けている業者は、登録番号や営業の種類、登録期限などを記した標識を店内に提示している。店内にいるスタッフも見たほうがいい。きちんと名札(登録番号や営業の登録期限などが書かれている)をつけているかどうかも確認すると安心である。

店内に並べられているケージには犬や猫などが入れられているが、そこが狭すぎたり明るすぎたりするのはよくない。動物は立ったり寝たりするのに十分な空間が必要だし、明るすぎる照明やうるさい音楽などは動物には苦痛である。長い間そのような場所で過ごすと、ストレスを受け、正常でなくなることが多い。また、排泄物などでケージや店内などが汚れたり悪臭がしているかどうかにも注意を払う必要がある。

ケージの中にいる小さな赤ちゃん猫や赤ちゃん犬は、頼りなげでとても可愛らしく見えるが、買ってはいけない。離乳前の幼すぎる動物は販売してはいけないことになっているからだ。犬や猫などは、その種類の動物の世界のルールなどを覚えたりする「社会化」が必要な動物なので、離乳後四〜八週間は、親や兄妹と一緒にしておかなくてはならないのである。社会化できていない犬・猫を売っている業者は問題があるし、買ってしまうと病気になりやすい、問題行動が多いなど、のちのち飼い主が大変な思いをする可能性が高い。

そして、いざ買おうと決めたなら、店員が飼い方や健康状態などの説明をしてくれるはずだ。ワクチン接種をしてあるかどうか、餌の与え方などの注意点、標準体重・体長などの説明をよく聞いておくことが大事である。

動物取扱業者に対する規制

総理府の世論調査でも動物取扱業者の規制を厳しく、との意見が多かった。業者は、動物の適正な取扱いを確保するための基準等を満たしたうえで、都道府県知事又は政令市の長の登録を受けなければならないことになっている。悪質な業者は、登録を拒否されたり、登録の取消や業務の停止命令を受けることになっているが、それでも違法な業者は絶えないから、私たちが注意しなければならない。

対象となる動物は、人間が飼育する哺乳類、鳥類、爬虫類で、家庭動物（家庭や学校などで飼われている動物）、展示動物（動物園、ふれあい施設、ペットショップ、ブリーダー施設、動物プロダクションなどで展示やふれあいのために飼われている動物）、畜産動物（牛や鶏など産業利用のために飼われている動物）、実験動物（科学的目的のために研究施設などで飼われている動物）に分けられている。

そのいずれの動物についても、動物の健康と安全を確保するとともに、動物による人への危害や迷惑を防ぐための飼養及び保管等に関する基準が定められている。また、動物を科学的利用に提供する場合、つまり、実験動物を利用する際には苦痛の軽減、動物に代わり得るものの利用、使用する動物の数をできるだけ少なくすることなどの基準が定められている。

周辺の人たちの生活環境に対する気づかい

多数の動物を飼うことによって周辺の人たちの生活環境が損なわれている場合、都道府県知事又は政令都市の長は飼い主に対して必要な措置をとるように勧告や命令を行うことができる。この対策は、極端な多頭飼いが原因で、騒音や悪臭といったトラブルの発生を防ぐためのものである。

たとえば次のような例がある。二〇〇八年秋に静岡県の七〇歳代男性が、約九〇匹の犬や猫を飼い、トラブルが発生した。もともとは犬・猫が捨てられたりしていたのを見て「かわいそう」と集め出したものだ。しかし一人ではとても飼いきれず、そうこうするうちに近隣の人々から「悪臭がする」「畑を荒らす」などの苦情が出た。

この「多頭飼育」の解決に、静岡県が音頭を取り、町や県の獣医師会、動物愛護ボランティア団体などが協力した。いわゆる殺処分を少しでも減らそうとする取り組みだ。犬・猫の引き取り先を見つけ、餌代としての寄付が一四〇万円以上も集まり、ドッグフードの寄付も一トンを超えた。獣医師の健康チェック後、飼い犬向きとみられる犬の性別や推定

危険な動物たち

年齢、引き綱をつけた時の反応などを、写真とともに県のホームページに掲載したのである。

〇八年一〇月から〇九年三月までに二二匹が引き取られ、新たに一〇匹が飼い主を待っている状態となった。行政が引き取り手探しまで積極的に動いた全国でも珍しいケースであり、これからの犬・猫の問題をうまく解決するのに参考になるといえよう。

危険な動物を飼うケース

犬・猫以外のペットを飼いたいという人も少なくない。人に危害を与える恐れのある危険な動物を「特定動物」というが、そのような動物を飼う場合には、都道府県知事、又は政令市の長の許可が必要である。当然のことながら、万一逃げ出すと、人や生活環境に重大な被害を及ぼすから、動物が脱出できない構造の飼養施設を設けるなどして、事故防止を図らなければならない。また、飼うにあたってはマイクロチップなどの個体識別措置が義務づけられている。特定動物とは、トラ、タカ、ワニ、マムシなどで、哺乳類ではサル類と猛獣と呼ばれているものが、鳥類では大形のものとワシやタカなどの猛禽類が、爬虫類ではニシキヘビやワニなどの大形のものと、コブラやガラガラヘビなどの毒蛇が含まれ、全部でおよそ七六三種が指定されている。

かつてこんなことがあった。一九七九年八月二日夜、千葉県君津市鹿野山神野寺で飼育されていた雄トラが逃げ出し、行方をくらました。二七日、民家の庭先につないであった飼い犬を食い殺した。被害の連絡を受けた千葉県警の現地対策本部が、直ちに猟銃をもった警察官、猟友会員ら七〇人を出動させ、周辺一帯を包囲した。犬が食い殺された場所から約一〇〇m、飼われていた寺から約五㎞南方の山林の中で射殺。この事件は真夏のトラ騒動と呼ばれている。

あとを絶たない動物への虐待

愛護動物をみだりに殺し又は傷つけた場合は、一年以下の懲役又は一〇〇万円以下の罰金刑を受ける。また、愛護動物に対しみだりに餌や水を与えず衰弱させるなどの虐待を行ったり、あるいは捨てた場合は、五〇万円以下の罰金を科されることになっている。

動物虐待とは、動物を不必要に苦しめる行為のことをいい、正当な理由なく動物を殺したり傷つけたりする積極的な行為だけでなく、必要な世話をさぼったりケガや病気の治療をせずに放置する、充分な餌や水を与えないなど、いわゆるネグレクトと呼ばれる行為も含まれる。なお、治る見込みのない病気やけがで動物がひどく苦しんでいるなど、正当と思われる理由で動物を安楽死させることは虐待ではないが、その場合でもできる限り苦痛を与えない方法をとらなければならない。

虐待の報告例は世界的にも多く、日本だけでもたくさんある。新聞の記事に載ったもののうち目に付いたものだけでも毎年二〇件以上ある。水や餌を与えないなどというものから、踏みつけたり投げつけたりする虐待も少なくない。「猫をクロスボー（洋弓銃）で射殺容疑、男を逮捕（〇一年二月）」、「両耳や前あしを切り取られた子犬四匹、河川敷で見つかる（〇一年五月）」、「七階から猫六匹を投げ落とし殺す、三七歳男を逮捕（〇二年七月）」、「猫の耳や尾を切断・殺害の画像をインターネットの掲示板に掲載、二七歳男を逮捕（〇二年八月）」、「何者かが小学校に切断した猫の頭を放置（〇七年一月）」、「飼い手のいない子猫を引き取っては虐待を繰り返していた男、逮捕（〇七年三月）」など、あきれ果てる犯罪が多い。

虐待された動物は当然訴えることはできない。被害者が声を出さない、出しにくいという点では、子どもの虐待と共通する。違いは動物の命に対する社会の意識は決して高くないことだ。飼い主ですらペットを虐待するのだから、飼い主もいない野犬、野猫の場合は、守られることが少ない。

それでは、動物への虐待を防ぐにはどうすればいいのだろうか。一つは、警察が介入する方法だ。しかし動物がらみの事件に警察の関心は低い傾向がある。ある弁護士は「動物愛護法では虐待を禁止しており、その悪質さによって違反すれば懲役一年以下または罰金一〇〇万円以下などの罰則規定があるのだから取り締まりをもっと厳しくしてほしい」と語っている。

法律がきちんと力をもっている国もある。アメリカでは〇四年、カリフォルニア州オレンジ郡の州地裁は、愛犬の首を切り落とした四二歳の男に条件付きで終身刑を言い渡している。イギリスには動物査察官（アニマル・ポリス）がいて、虐待の通報があると警察官に同行して強制捜査ができるという。

動物虐待を行ったらもっと厳罰にすべきだという声もある。〇一年、カナダ・オンタリオ州動物虐待防止協会（OSPCA）は七～八月に、同州にある二一の動物保護センターで、訪れた女性を対象に、伴侶による動物虐待に関する調査を行った。

対象となった一一二人の四三％が、伴侶によるペット虐待や、あるいは殺害の脅迫があったと告白し、伴侶の暴力からペットを守るためには、手放すことも致し方ない、と答えている。

ある女性は、飼っていた犬を伴侶に斧で切り刻まれたうえに、「家を出ていったら、（女性の）家族を同じ目に遭わせる」と脅されたという。OSPCAのチーフは、「人と動物を暴力から救うには、もっと厳しい法律が必要」と話している。

だが法律を厳しくするだけではあまり効果はないと思われる。というのは、動物虐待をする人がどのように育ってきたのかというところに根本の問題がありそうだからである。人の心に潜む優しさや残虐性などは幼児期に正しい愛情や教えを受けたかどうか、思いやりを受けて育ってきたかどうかなどによるところが大きい。重要なのは刑罰を重くするよりも、人や生き物に対する愛護の心を育てることだろう。

虐待され、やがて保護された子犬のはなし

今も印象に残っている事件がある。誰かが子犬の両目に瞬間接着剤を塗って捨てたというものだ。

　事件は、一九九六年三月六日の読売新聞で報じられた。栃木県小山市の運動公園で、両目の瞼に瞬間接着剤を塗られ、目が開けられないでいる捨て犬が保護された。生後二ヵ月弱の雑種のオスで、何者かにいたずらされたらしく、帰宅途中に発見したアメリカ人英語教師マイケル・ハンソンさんは風邪をひいているのかと思い、自宅に連れて帰ってみたところ、瞼部分が接着されているのに気づいたという。ふいても取れないため、翌日近所の動物病院で、目のまわりの体毛と一緒に接着剤を剥がしてもらった。

　ハンソンさんは、小山市の「動物友の会」会員で、これまでも何度か捨て犬や捨て猫を保護したこともある。彼は子グマのような雰囲気の子犬を「クマ」と名付けた。

この事件が新聞で報道されたとたん、動物病院に電話が殺到したという。「引き取って飼いたい」というものだ。引き取り申し込みは約一五〇件あった。話は少しそれるが、それにしてもこの「一五〇件」という数字は考えさせられる。雑種の捨て犬なら近くの愛護センターにもたくさんいるではないか。本当の愛情ならば、それを引き取ればよい。「ニュースになった犬が欲しい！」という心理なのだろう。〇六年に徳島市の崖から救助された野良犬「崖っぷち犬」の時もそうだった。一〇〇件以上が殺到した。ともかく、最終的にクマを引き取ることになったのは、東京都新宿区の福祉施設「救世軍新光館」。病気や怪我などで働けなくなった労働者を一時収容する施設で、入所者は約二〇人。記事を読んだ入所者の間から、「うちで飼いたい」という声が上がったからだった。

こうして、クマは救世軍新光館に引き取られ、真新しい犬小屋で元気に暮らしている。

一方、小山警察署では、この事件が「動物愛護法」違反に当たるとして捜査したものの、犯人はつかまらなかった。獣医夫婦は、騒ぎが一段落したあと、「こんな悪いことをする人もいれば、これだけの善意もある。世の中、捨てたもんじゃないね」と、語り合っていたそうだ。

この出来事は、虐待する人は少数であり、多くの人の心はやさしく、愛情豊かに動物に接している、ということを明らかにしている。

捨て犬と出会った忘れられない思い出

動物の飼い主の責任には、動物を正しく飼い、愛情を持って扱うことだけでなく、最後まできちんと飼うことも含まれる。飼えないからと動物を捨てることは、動物を危険にさらし、飢えや渇きなどの苦痛を与えるばかりでなく、近隣住民にも多大な迷惑になる。また、近年は、日本の自然に生息していなかった外来生物が野外に放され、それによる農業被害や生態系破壊が大きな社会問題になっている。

私はこんな体験をしたことがある。野生動物の調査で神奈川県の丹沢山麓に入ったときのことだ。モグラやネズミの罠かけをしていたとき、はるか遠くから犬が甲高く鳴いているのを聞いた。特に注意を払わなかったが、一時間ほどたっても同じような調子で鳴いていた。「妙だな」と思い、作業を中断して声のする方へと近づいていった。ヤブをかき分けて登っていくと、やがて幅三〇㎝ほどの小道に出た。ツツジのような潅木の根元で犬が

鳴いているところに出くわした。特に牙をむくでもなく、尾を振っている。飼い犬が庭から逃げ出したものの引き綱が潅木に絡まってしまったのかと思ったが、そうではなかった。針金で潅木の根元にしっかりとくくりつけられていたのだ。おそらく、捨てたものの野犬になってはいけないと、餓死させようとしたのだろう。

針金を解いている間、やせた柴犬の雑種はちぎれんばかりにしっぽを振っていた。そして解き放されると、足取りも軽く小道を下っていった。犬が知っている道のようだった。その分ならちゃんと家に帰るだろうが、飼い主は驚くだろう。生き続けることができればいいな、と思うしかなかった。

世界の金融危機の影響が動物にも波及

〇八年に起こったいわゆる「金融危機」でペットの遺棄が急増している。〇八年一一月のこと、「アメリカで捨てられるペットが増加」とのニュースが流れた。動物愛護団体HSUS（The Humane Society of the United States）によると、全米の動物保護シェルターで保護される動物の数が、八ヵ月ほどで急増した。景気後退の影響を受けて、一戸建てからペット禁止のアパートに引っ越したり、餌代が払えなくなった飼い主が、シェルターに預けていくという。

ジョージア州では捨てられるペット数は二年前の一〇倍に急増。飼い主がペットを動物保護シェルターに託す場合もあるが、引っ越しする際にペットを庭につないだり、空き家に閉じこめたまま、置き去りする場合も多いという。

各州の動物保護当局は近隣住民からの通報を受け、置き去りにされたペットの保護に当たる。しかし、飼い主から捨てられたペットの保護は容易ではなく、おびえて怖がったり、攻撃的になったり、逃げ出す個体も少なくないという。

動物保護シェルターには例年、クリスマスの時期になるとペットを求める人々が多く訪れる。フロリダ州ブロワード郡の保護シェルターでは〇八年一二月二三日、六〇匹のペットに新しい飼い主が見つかったというが、〇九年はこれだけの飼い主が見つかるかどうかわからないという。

ＨＳＵＳは、ペットをショップで購入するよりも、保護シェルターで探す方が費用を節約できると強調し、犬や猫を探す際には、ペットショップではなく保護シェルターに足を運んで欲しいと呼びかけている。

アメリカでは七一〇〇万世帯で、二億三一〇〇万匹のペット（魚類は除く）が飼われており、飼育のための費用として年間、犬一匹あたり一四〇〇ドル（約一二万六〇〇〇円）、猫一匹あたり一〇〇〇ドル（約九万円）がかかるといわれている。

毎年六〇〇万〜八〇〇万匹の犬・猫が、保護施設に引き取られ、半数には新たな飼い主が見つかり、半数は安楽死させられているのがこれまでの状況である。しかし、〇九年はすでに春の段階で収容能力が限界にきて、引き取りを行っていない施設も多く、引き取ったとしても、いまの経済状況では新たな飼い主が現れず、安楽死となる可能性が大きいという。

イギリスでも状況は似たようなものだ。〇八年一二月、ロンドン市内の里親センターには、飼い主に捨てられたペットがずらりと並び、不況に圧迫された家計を反映して施設は飽和状態だという。センターを運営するイギリス最大の犬の愛護団体ドッグズ・トラストの所長は、「去年（〇七年）のこの時期に収容していた犬の数は半分くらい。今は出ていく犬より入ってくるほうが断然多い」と語る。

ペットが捨てられる理由はアメリカと同じで、飼い主の引越しや失業である。ドッグズ・トラストによれば、犬一匹を飼い続けるには保険や餌、トリミング、おもちゃなどに年間相当な費用がかかる。経済危機の波をかぶり、愛犬との別れを強いられる家庭が増える一方、引き取りを希望する家庭は減少し、需給バランスが崩れている。

各地の里親センターや保護施設は、どこもパンク寸前の状態だという。暮れにはクリスマスに贈られたペットを「育てられない」と託してくる飼い主が続出することも予想されるという。さらに、失業や減収の結果、ドッグズ・トラストのような慈善団体への寄付を控える人々も増える傾向にあり、センター運営への影響が懸念されている。ドッグズ・トラストでは「こんな時世だからこそ、ペットが慰めになってくれる」と、里親募集の呼びかけに力を注いでいる。

4章

犬と猫の権利と福祉について

動物の権利とは

「動物にも動物らしく生きる権利がある」という考え方の歴史は、意外にも古い。一説には、動物の権利に関する議論は、ギリシャの哲学者ピタゴラス（紀元前六世紀）にまでさかのぼるとさえいわれる。彼は哲学者であるとともに、数学者としても知られるが、輪廻転生を信じていたため、動物に敬意を払うように主張していた。

一七世紀に入って、フランスの哲学者ルネ・デカルトは「動物は精神を持たず考える事も苦痛を感じる事もないのだから、どんなにひどい扱いをしようが構わない」と主張した。一方、同じフランス人のジャン・ジャック・ルソーは、『人間不平等起源論』（一七五四年）の序文で「人間は『知性と自立した意思を欠いた存在』でこそないものの、出発点は動物である。さらには動物は感覚を持つ存在だから、『自然権を持つものに含まれるべきであり、人間は動物に対して責務を負っている』、とりわけ『無益に虐待されることのない権利を有する』ものである」と述べている。

このころからヨーロッパでは動物に対する思いやりの考え方が少しずつ広まっていっ

た。そして一八二二年、イギリスで畜獣の虐待及び不当な取り扱いを防止する法律「マーチン法」が制定された。ついで一八五〇年にはフランスで動物虐待罪を規定した「グラモン法」が、一八七一年にはドイツで動物虐待罪を規定した刑法典が制定された。

それからまもなく、イギリスの社会改革者、ヘンリー・ソルトは『Animals' Rights: Considered in Relation to Social Progress』（一八九二年）なる書物を出版し、「動物の権利Animal Rights」という言葉が生まれたのである。

彼は「動物には人間から搾取されたり残虐な扱いを受けることなく、それぞれの動物の本性に従って生きる権利がある」という考え方を持ち、出版以前からスポーツとしての狩猟を禁止すべきだと主張していた。

一九一一年、イギリスで現行法の基本的要素を備えた「動物保護法」が制定され、一九三三年、ドイツでは動物虐待罪や動物実験規制などを内容とする「動物保護法」が制定されている。

動物の権利運動は、アメリカ・プリンストン大学のピーター・シンガーが一九七五年に出版した「動物の解放」(ANIMAL LIBERATION)をきっかけに、世界中に広まっていった。

彼は「動物は苦痛を感じる能力に応じて、人間と同等の配慮を受けるべき存在であり、種が異なる事を根拠に差別を容認するのは種差別（スピーシズム）にあたる」と述べている。動物の権利を支持する者は、商業畜産や動物実験、狩猟など動物を搾取し苦しめる行為を全面的に廃止するべきだと訴え、人々に菜食主義の実践を呼びかけている。

日本では諸外国における動物の権利運動は過激過ぎるという見方もある。その背景には人間は前世の行いによって、人間以外の動物に生まれ変わることがあるという仏教の輪廻転生の思想があり、犬・猫とかなり親密に生活してきたからだ。

ただし古くは二〇一年（大和時代）の大宝令の制定により鷹や犬の調教を担当する主鷹司が置かれ、七二一年（奈良時代）には殺生禁断の例が出されたり、七九五年（平安時代）

には私的に鷹を飼養することを禁止する布令が出され、そして江戸時代には生類憐みの令があった。

イギリスで「動物の権利」という言葉が生まれた一八九二年に、日本では「保護鳥獣を定めた狩猟規則」が制定されている。狂犬病やペストで痛い目にあったからか、一八九六年には獣疫予防法（後の家畜伝染病予防法）が制定され、翌一八九七年には民法で動物占有者の責任などを規定している。

一八九八年には東京府が畜犬税制を制定し、その翌年には警視総監が牛馬を徳義的に取り扱う旨の訓令を通知している。また、広井辰太郎が中央公論に動物保護論を掲載し、一九〇二年、彼は動物虐待防止会（後に動物愛護会に改称）を設立している。

一九一五年、新渡戸稲造夫妻らが日本人道会を設立、一九一九年に「史蹟名勝天然記念物保存法」が制定され、アマミノクロウサギやルリカケスなどの野生鳥獣を天然記念物に指定するなど、次第に動物保護に対する関心が高まり始めた。

一九二七年、日本人道会が動物愛護週間を定め、翌一九二八年には日本犬保存会が設立された。

ユネスコの「新世界動物権宣言」

二一世紀に入る頃、日本では犬・猫を中心としたペット動物の福祉に関して、急速な展開を見せた。これは一九八九年にユネスコが「新世界動物権宣言」を発表したことに端を発しているとみてよい。経済大国、先進国としての日本は、ペットに関しても世界基準をクリアーする必要があったからである。

一九九〇年代に入ると欧米では矢継ぎばやに、家畜動物の福祉などに対するさまざまな法令が出された。九七年には、動物の感受性を規定した動物福祉の擁護と尊重の推進に関するアムステルダム条約の議定書がとりまとめられた。EUは家畜福祉の基本理念として、「家畜は単なる農産物ではなく、感受性のある生命存在」として定義している。

わが国でも「動物の保護及び管理に関する法律」（一九七三年）が制定されていたが、あまり理解されていなかった面がある。最新の「動物愛護世論調査」でも、「そういう法律があることを知らなかった」という人が四六・八％もいた。動物愛護の世界的な流れを受けて、九九年、「動物の保護及び管理に関する法律」が改正され、「動物の愛護及び管理

に関する法律」（略称：動物愛護管理法）と名称を変えた。

単に「保護」が「愛護」に変わっただけでなく、動物取扱業の規制、飼い主責任の徹底、虐待や遺棄に関わる罰則の適用動物の拡大、罰則の強化など、大幅に改正された。そして二〇〇一年、環境省の発足と同時に、それまで総理府で扱われていた動物愛護管理行政が環境省へ移管されたのである。

〇四年にはさらに一部が改正され、動物取扱業の規制強化、特定動物の飼育規制の一律化、実験動物への配慮、罰則の強化などが定められた。

動物愛護に対する教育の大切さ

ペットに対する法律や規制が整備されても、飼う人のモラルが向上しなければ効果は期待できない。ペットに関する問題はモラルの問題だといっても過言ではないからである。

モラルは小さいときからの教育が大切だが、テレビCMなどマスメディアにも問題がある。ワシントン条約違反でありながら類人猿がブラウン管に登場したりしていることがある。一般の人々はまさか法律違反によって動物がテレビに出ているとは思わず、単に「面白い！」とか「可愛い！」と感じるだけ

かもしれない。

　現在、若い人たちは環境問題に対する関心が高い。これは数十年前から学校などの教育現場で環境に関する教育に力を注いできた結果であると思う。ペットに対する考え方も環境問題と似たところが少なくない。将来には影響するかもしれないが、今日のところはとりあえず生きていられるからだろうか。

　環境省は動物愛護推進のため各種のポスター、パンフレットを発行していて、これらをどう広めるかが課題だろう。重要なのは小学校で使うことだと思う。授業の一つとして一週間に一五分の授業でも子どもたちは動物好きだから、効果は非常に高いと期待される。

中国での狂犬病大発生を受けた犬・猫輸入検疫と農林水産省の取り組み

　農林水産省で扱われる動物は、主として畜産動物であるが、海外から輸入される飼育動物の検疫なども重要な業務になっている。

〇四年三月、農水省は中国で狂犬病による死者が急増しているとして、輸入業者などに対し、予防注射の効果が薄い生後四カ月未満の犬を狂犬病の発生国から輸入しないよう要請。その年内に省令を改正し輸入検疫を強化した。

中国では狂犬病が爆発的に増加しており、〇四年一〜九月に一三〇〇人近くが死亡したのだ。これは前年同期に比べ六二・七％の増加とのことで、狂犬病で死んだ人は五年連続で急増しており、狂犬病は中国で最も危険な伝染病になっている。狂犬病の潜伏期間は二週間以上とされており、咬まれた人が、発病前に日本に入って、動物にウイルスを移せば、まったく無関心になっている日本ではたちまち流行する可能性が大である。

農水省・動物検疫所では、〇四年一一月には犬・猫を輸入するための新しい検疫制度を設けている。イギリスなどでも行われている検疫制度及び最新の科学的知見を踏まえたものである。それによれば、狂犬病発生国からでも予防接種を受けるなどして健康証明書が添付されていれば輸入できる。

犬の輸入は最近の小型犬ブームを背景に急増している。〇三年の輸入数は約一万七三五〇匹で、このうち四ヵ月未満の犬は約四六四〇匹。狂犬病の発生国から輸入された四ヵ月未満の犬は七七〇匹で、輸入全体の約四％、四カ月未満の犬の約一七％に当たるという。

日本人が国外で狂犬に咬まれ、発病!!

〇六年一一月、京都市の六〇歳代の男性がフィリピンで犬に咬まれ、日本国内で狂犬病を発症した。国内で狂犬病が発生したのは一九五四年が最後で、発病が確認されたのは実に五二年ぶりのことである。この男性は、その年の八月末、フィリピンで野良犬に咬まれた。一一月に帰国後、一週間ほどで発熱など風邪のような症状を示し、次第にひどくなり京都市内の病院に入院。翌日、その病院から国立感染症研究所に連絡があり、間もなく狂犬病ウイルス遺伝子が確認されたのである。残念なことにその方は亡くなった。

日本国内で発病すると厚生労働省の管轄になるが、水際の空港などの検疫は農林水産省である。

狂犬病が発生していないと日本が認定しているのは、台湾、アイスランド、アイルランド、イギリス、スウェーデン、ノルウェー、オーストラリア、ニュージーランド、フィジー諸島、ハワイ、グアムの一一ヵ国・地域のみである。

ペット動物への厚生労働省の取り組みは、人畜共通感染症関係が重要なものとなっている。空港などの検疫時には発病していなかった前述の狂犬病の封じ込めは、中でも最重要なものである。ところが、日本では予防接種率が低下、室内ペット化で未登録が増加しているという現実がある。「普段は家の中にいるから大丈夫」、「忙しいから」などの理由で、自治体への犬の登録をしていない人すらいる。

ペットフード工業会（東京都）が推計した飼育数（〇六年）が約一二〇八万匹だったのに対し、登録数（〇五年度）は約六五三万匹であるから、いわゆる内緒で飼っている人が増えているということになる。

動物たちも国際化の時代

完全な法律違反だが、そうすると狂犬病ワクチンの集団接種の日時を知らせるはがきも届かない。かつて一〇〇%に近かった狂犬病の予防接種率が低下しており、厚生労働省は、すでに五〇%前後まで落ち込んでいるとみている。「海外からウイルスが侵入すれば危険な状況」とも指摘。飼い主のモラルの低下により、「狂犬病は過去の感染症」とは言い切れない事態となっているのである。

日本でもいまだに脅威の狂犬病とペスト

狂犬病は、世界各国で今も脅威となっている感染症だ。世界保健機関（ＷＨＯ）は、狂犬病のウイルスが侵入した場合、その国での感染拡大を防ぐことができるワクチン接種率を「七〇％以上」としているから、日本ではすでにそのラインを下回っている。

狂犬病のほかに、もう一つ恐ろしいのがペストだ。日本では一九二六年以降、ペストの発生はないが、〇二年、厚生労働省はペット用として輸入されているプレーリードッグについて、原産国のアメリカ合衆国でペストを媒介することが指摘されているとして、輸入禁止にすることを決めた。

アメリカなどから日本に輸入されたプレーリードッグは〇一年で約一万三四〇〇匹、うち約九割が野生で捕獲されたものとみられている。日本は世界最大の輸入国で、ペット店で一匹二万円ほどで売られている。幸いにして今のところ、国内にいるプレーリードッグにはペスト菌をもつノミはいない。

5章

人間と動物が幸せに暮らすための取り組み

犬の戸籍と住民票

　犬を飼っている家庭には、毎年四、五月頃、市区町村の保健所から狂犬病予防接種の通知がくる。居住地域の何箇所かの公園などで予防接種が行われ、自分の都合の良い場所を選んで行くことになっている。

　会場には、大小さまざまな犬がすでにやってきている。順番を待つ間、しり込みする犬、吠える犬、獣医師に噛み付こうとする犬などさまざまである。これはその犬の性質、あるいは飼育法などにもよるが「社会化」ができている犬とそうでない犬がいることが大きい。

　飼い主は犬の性格をよく知っておく必要が

ある。咬みつくような犬は、待っている列には加わらず、獣医師の手が空いたところを見計らって連れて行き、注射をする一瞬犬をしっかりと固定すると安全だ。そして新しく交付された注射済み票を犬に装着する。これで一件落着、というわけである。

これは一九五〇年に制定された「狂犬病予防法」に基づくもので、犬を登録しておくと通知がくるというしくみになっている。新しく犬の飼主になる場合、飼主は犬が家に来た日から三〇日以内に、(生後九〇日以内の子犬の場合は、生後九〇日を経過してから三〇日以内に)最寄の市区町村長に犬の登録を申請する。原簿に登録されると犬鑑札を交付され、その鑑札はその犬の首輪につけておくことが、義務づけられている。

鑑札はその犬にとっての戸籍であり住民票でもあるから、大切にしなければならない。引越し等で住所が変更になる場合や飼主が変わる場合、飼い犬が死亡した場合も三〇日以内に届出が必要である。

未接種は罰金！狂犬病予防ワクチンは必ず接種しよう

繰り返しになるが、狂犬病は発病したらほぼ一〇〇%死亡するという恐ろしい病気であ

る。さいわい日本では一九五六年を最後に発生していないが、まだ報告されており、海外では多くの発生例がいまだ報告されており、日本にもいろいろな動物が輸入されているので、いつ発生するかも分からないという状況だ。

誤解されているのは、狂犬病は文字通り犬だけの病気と思われがちなことである。人間を含むすべての哺乳類に感染する。病原体である狂犬病ウィルスは、狂犬病にかかっている動物の唾液に含まれ、その動物に咬まれると発病する。二〇〇八年には南米ベネズエラでチスイコウモリが原因と思われる狂犬病らしき症状で三八人が死亡している。

日本では愛犬家のマナーが低下し、狂犬病予防ワクチンを何年も接種しない飼い主が増えているという。その理由は、「小型犬で外に出ないから必要ない」、「国内ではもう狂犬病が発生していない」、「昼間働いており、夜に病院がやっていないので仕方がない」などである。

各自治体は接種率を上げようと啓蒙活動に躍起で、東京の新宿区保健所は、三年以上接種を受けさせていない飼い主に電話で「督促」している。狂犬病予防法は、年に一度、犬の予防接種を行うことを定め、違反すると最高二〇万円の罰金刑だが、接種していないことの立証が難しく、厚労省によると、飼い主への適用例はほとんどないという。獣医師も『注射しました』と言われれば信じるしかない」と語っている。狂犬病の恐ろしさをまったく理解していない。心ない法律違反者が、恐るべき狂犬病を流行させる可能性を秘めている。

思わぬトラブルを防ぐために犬は鎖や綱でつなごう

犬に関しては、もう一つ「繫留義務《けいりゅう》」がある。動物愛護管理法の第四条に動物の適正な飼養が定められており、繫留義務はこの適正な飼養に含まれる。動物の本能が人間を傷つ

けたり、また動物が事故に遭わないためにも大切なことである。
都会の公園などでは犬を放す人がいる。広々としたところで遊ばせたいという気持ちがそうさせるのだろうが、犬を嫌う人もいるし、老人や幼児もいる。残念ながら毎年、トラブルが発生している。
○八年四月には、福岡県で散歩中の女性が咬みつかれ大怪我をした。その犬の飼い主は、二匹の犬に運動させようとリードを外したところ逃げ出し、近くを歩いていた女性の頭や足に咬みつき、三カ月の怪我を負わせたのだ。警察では飼い主に義務を怠る重大な過失があったと判断し、書類送検した。
○八年九月には、やはり福岡県で散歩中の

犬同士の喧嘩が原因で、自分の飼い犬に相手の犬の飼い主を咬ませて怪我を負わせたとして、飼い主が傷害で逮捕されている。警察の発表によると、自宅近くの堤防で中形の犬を散歩させていたところ、この犬が別の男性が連れていたビーグルに咬みついた。ビーグルの飼い主が「危ないやないか」と注意すると相手の男性は激高し、犬の首輪につないでいたリードを解き放し、「咬み殺せ」などと言いながらけしかけて相手の右手に咬みつかせ、七日間の怪我を負わせたというものである。どうにも飼い主の性質が悪過ぎる。

犬と猫は毎年どのぐらい捕獲されているか

わが国では、一九二二年に家畜伝染病予防法が制定され、犬ばかりでなく、狂犬病を発病したすべての家畜の殺処分が定められている。そして一九二五年からは飼い犬の予防接種と野良犬の取り締まりが強力に進められた。

五〇年ほど前には犬はふつうに町や村を徘徊していた。野良犬もいれば、飼い犬も割合に放し飼いが多かった。しかし現在では繋留されていない犬はほとんど捕獲されるようになった。飼い主がいても有無を言わせず捕獲し、一部の人たちからは「犬殺し」と呼ばれ

たこともあった。
狂犬病の予防接種とこの捕獲・殺処分のおかげで狂犬病による死者がいなくなったが、野良犬と放し飼いされている犬の捕獲は現在も引き続き行われている。
一九七四年にはおよそ一二〇万匹の犬が殺処分されていたが、最近の統計を見ると、捕獲された犬は、〇二年度で一一万一八三四匹（内、飼い主に引き取られたものが一万七一二〇匹）、〇五年度で八万六五六三匹（内、飼い主に引取られたものが一万六三九一匹）、となっている。
飼えなくなって持ち込まれたものも捕獲とほぼ同数いて、飼いたい人に譲渡されたものは毎年一万二〇〇〇～三〇〇〇匹ほどで、その多くが子犬である。残りはほとんどが殺処分されると考えてよく、〇二年度が一八万一八五八匹、〇五年度が一三万二三三八匹となっている。

なお、猫の場合は収容されるもののほとんどが離乳前の幼猫であり、〇二年が、持ち込まれたもの二六万一七四一匹、飼い主が不明で収容されたもの五二一七匹、飼い主が現れることはまずなく、一般に譲渡されたものが四四六〇匹である。〇五年が、持ち込まれたもの一三万八四一七匹、飼い主が不明で収容されたもの九万三七六七匹、こちらも飼い主が現れることはまずなく、一般に譲渡されたものが一二四四匹である。犬とは逆に、新しい飼い主にもらわれていったものはほとんどが成猫である。残りはほとんどが殺処分され、〇五年度で二三万一六九七匹である。

殺処分をめぐる議論――「炭酸ガス吸入法」は是か非か

最近、問題となっていることの一つが殺処分で、とくにその方法である。日本では炭酸ガス（CO_2）のもつ麻酔効果を利用して、動物に苦痛を与えないように処置されている。この「炭酸ガス吸入法」に対して、「かわいそう」、「窒息死だ」、などの意見があるが、ではどうすればいいのだ、という提案はほとんどない。

炭酸ガスは、人の呼吸でも重要な働きをしている。体内に炭酸ガスが増えると呼吸中枢に酸素を取り入れるよう命令が下り、呼吸をするという仕組みだ。逆に血中の炭酸ガス濃度が異常に低くなると、呼吸が乱れ過呼吸に陥ったりする。生き物の体には、ある程度炭酸ガスも必要なのだ。

ところが、空気中の炭酸ガスの濃度が高くなり、人間の場合濃度が三～四％を超えると頭痛やめまい、嘔吐が起こり、七％を超えると炭酸ガスナルコーシスのため数分で意識を失う。この状態が継続すると麻酔作用による呼吸中枢の抑制のため呼吸が停止し死に至る。

これを動物を殺す際に利用したのが「炭酸ガスによる麻酔法」（家畜処分の一方法）である。この方法は一九五〇年代のアメリカにおいて、人の無痛分娩に用いられたのが始まりといわれている。その後、家畜のブタを気絶させるのに応用。その基本的な方法は、炭酸ガス六五～八五％、空気一五～三五％の混合ガスを約二〇秒間吸入させ、四〇～六〇秒後の完全麻酔期中にナイフを用いて頸動脈、頸静脈を切り失血死させる。

炭酸ガスは空気中の酸素とともに肺の内部に入ると酸素の約二〇倍の速さで血液中に溶け込み全身を循環し、脳の中枢神経細胞にも速やかに達し、短時間で麻酔のかかった昏睡状態を起こさせるのである。

ブタの場合、まったく意識のない安静状態での放血処理となるので、ストレスは電撃法の約四分の一と少なく、肉をおいしく保つことができるので、現在のところ食肉生産には最適とされている。

殺処分は炭酸ガスの麻酔効果により呼吸中枢を麻痺させて、きわめて短時間のうちに死に至らしめるのであり窒息死ではない。日本より動物に対する福祉基準が厳しいEU諸国でも認められている動物に対する安楽死方法とされている。

テレビなどを見ていると、殺処理のための部屋へ犬・猫を追い込むが、これが視覚的に残酷にうつるのかもしれない。しかし、適切な濃度の炭酸ガスによる殺処理は、環境への負荷、経費、処理する人の安全性などを考えても、現在のところ他の方法より優れているのは間違いないようである。生き物には個体差があるから、中には炭酸ガスが効かない個体もあるが、ほとんどの個体は適正な濃度ならば、ガスの注入を行ってから、死に至るまでの過程においては興奮や異常行動は認められず、静かに死に至る。

人の刑罰にも、毒殺、銃殺、絞首刑、電気椅子、石打ちなどあるが、みせしめなどの意味も含めるから、その国々の文化に合った死刑の方法がとらている。しかし、犬・猫の場合は少なくともみせしめの意味はない。

殺処分を減らすための努力

問題は殺す方法ではなくて、殺処分の対象になる犬・猫を減らすことだ。そのために各自治体、愛猫家、愛犬家など多くの人たちが努力している。都道府県内の捨て犬や猫は各区市町村が収容後、動物愛護センターなどに移送し、飼い主や引き取り手が見つかるよう努力するが、見つからなければ、殺処分されるという実態があり、環境省も殺処分数を減少させようと努力している。

最近、各地で殺処分数が減少してきている。たとえば愛媛県では、回収され、引き取り手が見つからずに殺処分された犬と猫の数は、統計によると、〇三年度が八四二五匹（犬四六一一匹、猫三八一四匹）で、その後は横ばいが続き、〇六年度が八五二七匹（犬三八七九匹、猫四六四八匹）だったが、〇七年度は七二八一匹（犬三二三八匹、猫四〇四三匹）となり、前年度と比べ約一五％減少した。

同県動物愛護センターによれば、「愛護運動や犬や猫の飼育相談を続けてきた効果が出てきた」と分析している。同センターでは、収容した犬や猫の譲渡会を毎月開き、〇八年度は犬一二二匹、猫二五匹を譲渡。ペットのしつけ方教室や飼育相談では、不妊や去勢についての飼い主の義務や動物の健康管理などを指導している。

一方で、愛媛県内の市民団体も捨て犬や猫の減少に向けた活動を展開し、動物愛護の認定NPO法人「えひめイヌ・ネコの会」は〇八年、犬と猫の不妊、去勢手術に対する助成金の支給を実施したほか、飼い主の飼育放棄をなくすため、犬と猫の引き取りの有料化をめざす運動などを行っている。

殺処分数の削減をめざす愛媛県と松山市は〇八年一〇月から、飼い主からの犬と猫の引き取りについて、一匹につき二〇〇〇円（生後九〇日までの子犬、子猫は四〇〇円）を徴収することを決定し、前記NPOの代表は「いろいろな活動の芽が出始めている。安易に犬や猫が捨てられない環境をつくっていきたい」と述べている。

また、京都府では、〇九年二月、犬や猫の引き取りを無料から有料に改め、飼い主に負担を求めることで安易な飼育放棄を抑制し、少しでも殺処分数を減らすための条例が成立し、〇九年七月から一匹当たり二〇〇〇円を上限に手数料を徴収することになった。飼い主からの依頼があると、府内（京都市除く）の保健所や市町村役所などを通じ西京区の府動物愛護管理センターで引き取っている。

センターへの搬入数（捕獲含む）は、〇七年度で犬八〇四匹、猫三二五二匹で、その内犬の六九三匹、猫はすべてが殺処分された。同センターで新たな飼い主を探すが、見つからない場合は殺処分になってしまう。

京都市、滋賀県は無料だが、大阪府が一匹一四〇〇円、大津市も一匹二〇〇〇円を徴収するなど、全国的に有料化の流れにある。京都府は「有料化すれば捨て犬が増えることも懸念されるが、負担を掛けなければ飼い主のモラルが向上しないと判断した」（生活衛生課）としている。

新しい飼い主を探すためのさまざまな試みと里親制度

当然のことながら、都道府県、市区町村では少しでも殺処分を減らす努力をしている。保健所においては動物飼育相談をしているし、引き取り時には終生飼養するよう努力して欲しいと助言して、引き取り頭数の減少を図っている。また、犬・猫等の正しい飼い方や飼い主の責任などについて、広報紙や動物愛護イベント、さらにはインターネット等を通じて啓蒙活動を行っている。

環境省では、都道府県等において引き取り又は収容された家庭動物の再飼養等を効率的に推進するため、「収容動物データ検索サイト」（http://www.jawn.go.jp/）を公開した。まだ開始されたばかりで、それほどデータ量は多くないが、充実すれば今の時代にあった非常に良いシステムとなり、殺処分の減少に通じるに違いない。

飼えなくなった犬を仲介して希望者に譲る「里親制度」は、意外にも歴史がある。群馬県太田市の「子犬の里親制度」は、一九八〇年のスタートから二九年も経っている。この間、引き取られた子犬は計二六〇〇匹を超えた。愛犬家はかなりいて、可愛い子犬は抽選になるほどの人気がある。

もとはといえば同市のシンボル「金山」が飼い犬の捨て場となり、野良犬化してハイカーを怖がらせており、この野良犬増加を防ぐための対策だった。

だんだん制度利用者が増え、年間約七〇〇匹もの子犬を提供することで、野良犬は激減した。提供と新しい飼い主への譲渡を同時に行う「里親の日」は毎月一回開催され、市民に好評だという。

提供者側には
①子犬は生後三ヵ月未満であること
②引き取り手のない犬は持ち帰ること
などの条件があり、
受け取る側（里親）は
①子犬を登録すること（登録料一四三〇〇〇円）
②狂犬病予防注射を受けること（毎年一四三三〇〇円）
③放し飼いにしないこと
などの条件がある。里親は誓約書を提出し、責任をもった飼育が義務づけられる。

担当する市産業政策課によると、「提供犬のほとんどは雑種。ブームを呼んだ大型のハスキーなども寿命を迎え、今、人気が高いのはオスの小型犬」だという。

この中で一つ気になるのは、提供者側への条件の「①子犬は生後三ヵ月未満であること」だ。「可愛い盛りであること」の意味なのだろうか。可愛くないと持ち帰ってもらえないからかもしれない。おそらく母犬と一緒に育ってきた子犬なのだろうから、「社会化ができていること」、あるいは「よく訓練されていること」とした方がよいと私は思う。

オバマ家のボーについて

〇九年四月、飼い犬を求めていたアメリカのオバマ大統領一家がケネディ元大統領（六三年暗殺）の弟、エドワード・ケネディ上院議員から生後六ヵ月のオスのポルトギース・ウオーター・ドッグを譲り受け、「ボー」と名付けたと報じられた。大統領は当初、動物保護のため、捨てられ引き取り手のない犬から選ぶ考えを示していた。またオバマ夫妻は犬アレルギーのある長女のマリアさんに影響が少なく、飼いやすい種類の犬を探したが、捨てられた犬の中にはほとんど見つからず、「よく訓練された犬」（ワシントン・ポスト紙）

Bo
（ボー）

を譲り受けた。
〝ボー〟と名づけられたこの犬は、オスで生後六ヵ月。最初の飼い主と相性が合わず引き取られていた犬で、「準保護犬」の扱いらしい。
ここで重要だと思われるのは、一つは「生後六ヵ月」という犬の月齢である。日本では犬・猫は小さいほど可愛いと思う風潮があるが、そうではない。この月齢になると、病気にかかることも少なく、しっかりと訓練されているから、結局、飼い主も楽しい生活をすぐに送ることができるのだ。そしてもう一つ、「最初の飼い主と合わず引き取られていた犬で、『準保護犬』の扱いらしい」という部分である。保健所や愛護センターに持ち込まれたイヌのうち、先天的な異常や病気をもつ犬、矯正不可能な有害なクセなどをもつ犬は譲渡には向かないし、殺処分もやむを得ないだろう。しかし、社会化ができているのに、あるいはよく訓練されているのに、何らかの事情で持ち込まれた犬をすべて殺処分に回すのは問題だ。このような犬は殺処分せずに人と共存する道を選ぶべきだろう。そのため専門家によりランク付けが行われている。

たとえば「アニマル・セラピー」として定着させる。特別養護老人ホームや養護学校などに出かけて行き、触れ合いにより老人や子どもたちの心身の機能回復を図る「動物療法」に利用するのである。

一九八〇年代からアメリカでは「アニマル・アシステッド・アクティビティー（AAA）」＝教育やレクリエーションを目的とした動物との触れ合い」が行われており、老人施設や病院などで動物が自然に受け入れられている。

日本でも二〇〇〇年一一月には、沖縄県のある社会福祉協議会は老人ホームで、動物ボランティアいやしサービスを実施し、犬二匹が老人ホームでお年寄りらと触れ合った。約三〇人の入所者は、円形になって座り、二匹の訪問を大歓迎。最初は「犬は苦手」と嫌が

るそぶりを見せていた入所者の女性も、小型犬のプードルが膝の上にちょこっと乗ってくると、「かわいいねー」と満面の笑顔を見せた。帰り際には、お年寄りらは「犬といっしょに写真を撮りたい」、「また来てね」などと話し、別れを惜しんでいたという。

犬・猫の福祉にかかわる代表的な公益団体

日本には犬や猫などの愛護や福祉を目的としたさまざまな公益団体がある。全国規模で、よく知られているものだけでも、（社）日本動物福祉協会、（財）日本動物愛護協会、（社）日本愛玩動物協会、（社）日本動物病院福祉協会、（社）日本獣医師会などがあり、支部を各都道府県においている団体もある。

（社）日本動物福祉協会　Japan Animal Welfare Society (JAWS)

「すべての生き物に尊厳を」（アルバート・シュバイツァー）という標語を掲げ、力を入れている活動は、保護された犬・猫などの新しい飼い主探しである。また、飼っていた動物を飼えなくなった人のために、新しい飼い主を紹介している。「ネコの部」、「イヌの部」がある。（二〇〇九年四月現在）。

http://www.jaws.or.jp/

（財）日本動物愛護協会　Japan Society for the Prevention of Cruelty to Animals (JSPCA)

一九四八年に発足。日本の風土・文化に根ざした動物愛護活動の推進とともに、世界の動物愛護活動と連携しながら、人と動物の真の共生を目指している。

http://www.jspca.or.jp/

（社）日本愛玩動物協会　Japan Pet Care Association（JPCA）

この協会は、「動物の愛護および適正な飼養管理の方法の普及」を目的として活動している。具体的には、動物関連の法令知識を学ぶもので、愛玩動物飼養管理士の認定・登録を行っている。

http://www.jpc.or.jp/index.html

6章

大災害、そのとき
犬と猫をどう守るか

約一万匹の犬や猫が死んだ阪神・淡路大震災

一九九五年一月一六日の夕刻、地震予知研究センターの観測網は、兵庫県南部でマグニチュード二・六、あるいは三・三の小さな地震を四回捉えていた。いずれも震源は明石海峡の周辺で、とくに異常な様相でもなく、犬・猫などの動物が騒いだという報告はない。しかし、翌日早朝の一月一七日午前五時四六分五一秒、巨大地震は発生した。震源は明石海峡のやや淡路島寄り、マグニチュード七・二、震源の深さは約一八㎞、いわゆる阪神・淡路大震災である。

翌日、兵庫県淡路島の動物病院に一匹の犬（オス・一〇歳）が担ぎ込まれた。獣医師が診ると、外傷はないのにぐったりして、呼吸機能と心機能が低下していた。そして間もなく手当のかいなく死亡。解剖すると、フィラリアのために心臓が肥大気味だったが、死亡するような病状ではなく、病弱のところを地震のストレスに直撃されたショック死と判定した。飼い主によれば、飼われていた家は倒壊し、犬とともに知人宅に避難したが、自分たちのことだけで精一杯で、あまりかまってやれなかったようだ。

その後、この獣医師は被災から一ヵ月間に一五匹の犬の死に立ち会っている。犬が興奮して走り回って車にはねられたケースもあり、一五匹という数は一年間に扱う犬の全死亡件数に相当する数だという。

この期間の猫のショック死も年間件数とほぼ同じ五匹いた。不安のために自律神経失調症になり、肝臓や腎臓の機能不全などを起こしたらしい。死なないまでも、押入や家具の隙間に隠れて出てこようとしない、一週間何も食べない、激しく嘔吐する、円形脱毛症になるなどの猫もいた。

農家で飼われている牛にも影響があり、飼い主が知らぬ間に早産し、子牛が床で死んでいたり、流産した事例が計四件あったという。通常は月に一件ほどである。

阪神・淡路大震災で、約一万匹の犬や猫などが死んだと推定され、死因は圧死や焼死が中心とはいえ、本来ならそれだけで死なないような病気で死んだ犬や猫も少なくないとみられている。犬や猫が強いストレスを受けると、副腎皮質ホルモンが大量に出て自律神経が異常になる。その振幅は人間よりも大きい。

動物の方が人間よりずっと臆病で、ショックを敏感に感じるのであろう。こんなとき、犬や猫は何が起きたのか理解していないから、飼い主はふだんの何倍も、安心して落ち着くように声をかけたり撫でたりして、スキンシップする必要があると思う。以来、ペットが強いショックを受けると、PTSD（心的外傷後ストレス障害）のような症状が出ることが広く知られるようになった。

〇七年七月一六日の新潟県・中越沖地震では被災地の動物病院に、犬や猫に食欲不振や嘔吐などの症状が出ているとの相談があった。その日の夕方までに四件、翌一七日には三〇件あり、以降も一日一〇～一五件は寄せられたという。犬は大半がチワワ、パピヨン、マルチーズなどの小型犬で、神経質な犬は症状が重いという。

犬・猫などの愛玩動物にも自然災害が大きな影響を与えていることが分かるが、人間の側でも少しずつ対応が進化してきた。多くの人々が生活する避難所にはペットを持ち込めない。そのため被災ペット、とくに犬・猫用の「アニマル・シェルター」が設置されるようになりつつあることは、大きな変化だ。家が倒壊し、人間に余裕がなくなると、ペットを育てられなくなる。そうしたとき犬や猫を預かるシェルターが普及し、連絡先などを広く人々に知らせれば、後になって飼い主が引き取ったり、里親を見つけることもできる。

火山噴火で避難する場合の対応

二〇〇〇年三月三一日、北海道の有珠山が西側山麓から噴火した。一九七七年八月以来二三年ぶりのことであり、噴煙は上空三二〇〇匹まで達し、三市町の一万七七六〇人が避難した。噴火より三日前に避難勧告が出されたためひどい混乱はなかったが、多くの家畜や犬・猫などのペットが置き去りにされた。飼い主とともに避難する場所がなかったからで、噴火直後の四月二日に伊達市に開設された道獣医師会有珠山動物救護センターが、さまよっていた猫や鎖につながれたままになっていた犬などを保護し、ピーク時は一七〇匹を数えた。

その後、噴火の様子が落ち着くにつれて飼い主が引き取りにきたり、ボランティアによる新たな飼い主探しで、保護頭数は少しずつ減少、八月一七日、最後の犬が飼い主に引き渡され、活動を終了。同センターでは、獣医師延べ約七五〇人、全国からのボランティア延べ約五〇〇〇人が活動した。

一方、同じ年の八月三〇日、六月頃から噴火活動を活発化させていた伊豆諸島の三宅島の住民に避難勧告が出された。全島避難の際、ペットたちは口輪をつけるか、檻に入れれば避難船に乗せることができた。役場で口輪や檻を貸し出しをしていたが、大雨による混乱などで島民には十分に伝わらなかったようだ。避難後、都内で「もっと早く知っていれば……」と残念がる島民も多かったという。多くの犬・猫が島に置き去りにされた。猫だけでも置き去りにされたものが一〇〇匹以上はいたとみられる。檻を借りても警戒した猫を捕まえられず、泣く泣く檻を返して避難船に乗った女性もいたという。

犬・猫の救出活動はNPOの「アニマル・ライツ・センター」（ARC、事務局・東京都渋谷）が中心となって行われた。八月下旬から三宅島に入り、全島避難後の九月一一日まで続けられ、三九匹の猫を保護している。この最中の九月三日のこと、防災関係者を除く全住民が避難したはずの三宅島で、自宅にとどまっていた六五歳の男性を消防団員が発

見、保護した。男性は独り暮らしで「慣れない東京に行くより、島で飼い猫の世話をしたかった」と話していたそうだ。

千葉県内に開設されたシェルターには、島に置き去りにされた猫たちの一部がボランティアにより救出され、暮らしていた。しかし、どの猫も火山性ガスで目やにと鼻水がひどく、骨と皮だけの体は泥だらけだったという。シェルターにきたばかりの頃は、部屋の隅に固まり、一週間何も食べない猫がいて、保護された三九匹の猫は動物病院で治療を受けたが、六匹が死亡し、一匹は皮膚癌で耳介を失った。環境の変化による、大きなストレスが原因と考えられる。

翌年三月の末には、三宅島から避難してきたペットを収容する「三宅島噴火災害動物救援センター」が、日野市の都下水道局浅川処理場内に開所。敷地面積二〇〇〇㎡で、動物舎のほか治療棟、隔離棟などを備え、犬九〇匹、猫一二〇匹を収容できる。すぐに全島避難以来保護されていた、都内の動物保護相談センターの一部から犬八匹と猫二一匹が搬入された。飼い主はいつでもそこに行けばペットに会える。ボランティアを中心に輪番で飼育態勢を整え、帰島までの一時的な里親も募った。

しかし、三宅島の場合、噴火が長期間にわたったため、資金不足が問題となった。千葉県のシェルターは、近隣から離れて建っていた民家を借り、改装したものだ。約五〇㎡の部屋をオス・メス別々に分け、病気の猫四匹は個別のケージに入れられた。改装費は四〇万円近く、世話には家賃を含め最低月三〇万円、冬季は風邪をひく猫も多く、医療費が五〜六万円と、ボランティアにとっては大きな負担で「一時里親」として預かってくれる人を探すことが重要だった。

シェルターでは常時、数匹から三〇匹くらいまでの犬・猫の面倒を見ていたが、基本的には「一時里親」を希望する一般家庭に託される。三宅島から本土に保護されてきた犬・猫は、トータルで三〇〇匹ほどだった。噴火当時の人口は四〇〇〇人前後だったが、これからするとほとんどすべての家庭で犬か猫を飼育していたようである。

五月に入って、運営費不足で善意を募っていた日野市の三宅島噴火災害動物救援センターに、全国から約三九六〇万円の寄付金が集まった。浄財を寄せた人は北海道から沖縄まで約二三〇〇人、多くがペットを飼っている人だという。

この頃、三宅島の港（対策本部があった）に食べものを探しに来る猫が二〇〜三〇匹いたとされる。山に入って野生化すればアカコッコやミヤケアカネズミなど、貴重な島の鳥獣などを襲う恐れもある。最も狩りがうまい外来種の一つが野に放されることになるから、この意味でも犬・猫を保護することが必要なのである。

ハリケーン「カトリーナ」での保護・救出の体験

〇五年八月末にアメリカ南部をハリケーン「カトリーナ」が襲った。アメリカでは一九〇〇年にテキサス州を襲ったハリケーンで六〇〇〇人以上の人が死亡しているが、それ以来の米史上最大級の惨事となった。が、すぐにペット救出作戦が展開された。被災地域の治安が落ち着いたのを受け、当局から愛護団体など動物救援チームの現地入りが認められためだ。

被災地に残された動物の数は一〇〇〇匹を軽く超えるとみられる。ルイジアナ州の愛護団体がニューオーリンズだけで約四〇〇匹を保護したのをはじめ、ほかにも米動物愛護協会などが、飼い主の依頼を受け、浸水した家の中に閉じ込められたペットをボートで救い出し、テキサス州ヒューストンのアニマル・シェルターへ運ぶなどの活動を展開。

保護された動物は犬、猫、ウサギ、馬、ニワトリ、インコ、イグアナなどで、避難の際にバスやヘリコプターにペットを乗せてもらえず、泣く泣く残していった飼い主が多く、荷物に隠して持ち込もうとして避難所で断られた例もあったという。

米人道協会(HSUS)によると、動物保護ボランティアたちの活動によって、九月一一日朝までにルイジアナとミシシッピー両州で動物計三八一五頭を保護した。州外のシェルターへもトラックや篤志家がチャーターした旅客機で運ばれた。米動物虐待防止協会(ASPCA)によると、ニューオーリンズから約七〇㎞北西のゴンザレスに犬数千匹を収容する仮設シェルターが作られているという。しかし一匹ずつ獣医師が診断し、ワクチン注射をして、マイクロチップを埋め込んでからでないと運べない。飼い主が見つけた場合など、動物の移動先を追跡するためにもマイクロチップは必要なのだ。ともかく搬出は時間がかかるのである。

これを教訓に、動物保護・里親募集ウェブサイト「Petfinder.com」は、ハリケーンで離ればなれになった動物と飼い主の再会を支援するため、動物データベースの充実を急いでいる。ニューオーリンズだけで救助を必要としている犬猫が約五万匹もいるからだ。二ヵ月近く経ってから飼い主と再会した動物も多い。たとえば、ある人は避難する際に、十分な餌とともに、犬三匹とウサギ一羽を自宅に置いていった。数週間後、自宅に戻ったが、犬二匹とウサギ一羽は寝室などで死んでいたという。最後の一匹、チワワは見つからなかったが、「犬一匹を救助した」というメモを発見し、近くの愛護団体に問い合わせたところ、すぐに居場所が分かったという。この愛護団体では、そのサイトにチワワの情報を登録していたからだった。

アメリカの動物災害救済基金ASPCAは、ニューヨークで発生した同時多発テロのときも、間接的被害者となっている動物やペットのオーナーにケアの手を伸ばした。同団体は、テロ発生後立ち入り禁止となっているマンハッタン南側地区のすぐ北に移動式動物病院を設置し、捜索に動員されて怪我をした警察犬の手当てにあたった。多くの警察犬が倒壊したビルによる埃や煙による呼吸困難や眼球の負傷、がれきによる足の怪我などをこうむったからである。

また、立ち入り禁止地区に取り残されたままとなっているペットのオーナーのために、ペット・ホットラインも設置した。ペットと離れ離れになっているオーナーから、問い合わせの電話が後を断たなかったという。そんなとき、「えさも水もないという状態は犬や猫に決して良い状況とはいえないが、数日間は何も食べなくても生きられるはず。現場から発生した煙を大量に吸い込んでいなければ、大丈夫でしょう」と説明。また、ペットを心配して精神的に弱っているオーナーの話を聞くなどして、心理的なケアも行われたという。

災害に備えたペットとの避難訓練や救護の態勢作り

日本でもここ数年、被災したペットを救護する態勢を整えようとする動きが出てきている。たとえば、東京都の新宿区、渋谷区、杉並区などと都獣医師会の各区支部は、それぞれ「災害時における動物救護活動に関する協定」を結んだ。

協定によると、区は災害時、都獣医師会の区支部に動物救護活動の協力を要請し、同支部に加盟する動物病院が連携して、怪我をした動物の治療、別の獣医療施設への転送や転

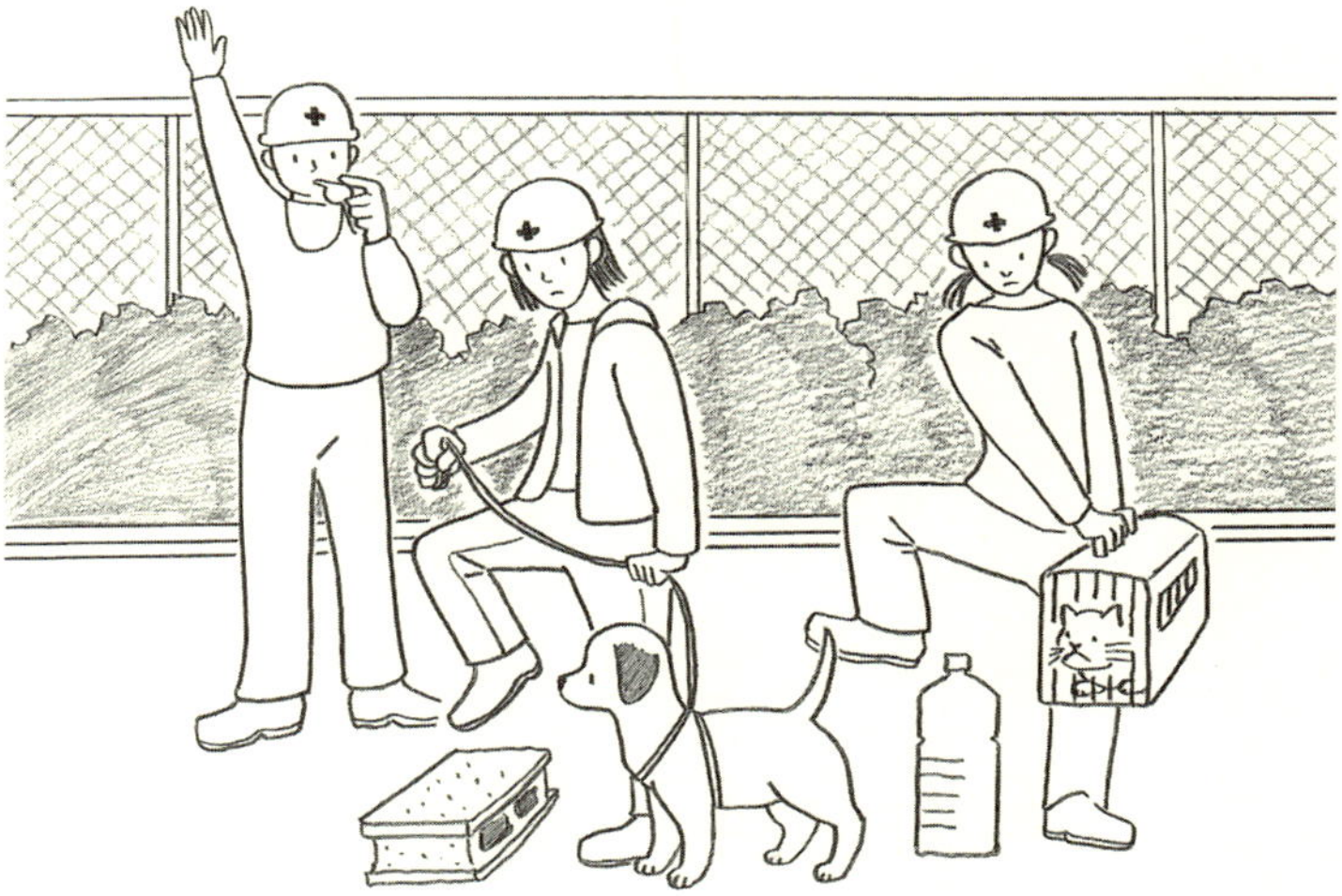

送順位の決定、区への指導や公衆衛生活動などを行うことを決めている。そして関係者は災害時の獣医療費を区の負担とするほか、連絡協議会を設置してペットを交えた避難訓練のあり方などさまざまな課題を洗い出した。

また、区と獣医師会区支部で「動物救護連絡協議会」を設置し、ペットとともに避難する際の衛生管理やいざというときの飼い主の心構えなどを冊子にまとめ、PR活動を企画、実行している。

二〇〇九年三月、ペットと飼い主による震災訓練が東京都町田市で行われた。東京湾を震源とする震度六強の地震が起き、避難勧告が出されたとの想定で、住民約一三〇人が犬八一匹と猫二匹を連れて参加した。町田市のある自治会が中心となり、都獣医師会町田支部なども協力。参加した住民は獣医師らの指導で、怪我をしたペットの応急処置法を学んだほか、ペットボトルなどを障害物にみたて、犬や猫と一緒に歩く訓練を体験。中でも関心を集めたのは、認証番号を記録したマイクロチップ（電子迷子札）を専用の注射器で犬に埋め込む実演だったという。ペットが迷子になっても、専用機器でチップを読み取ると飼い主などを特定できる仕組みである。

マイクロチップは、迷子防止のほか、捨て犬・捨て猫などの遺棄防止、予防注射の接種の有無の判定などに大きな力を発揮するとみられており、環境省でもその普及に力を注いでいる。

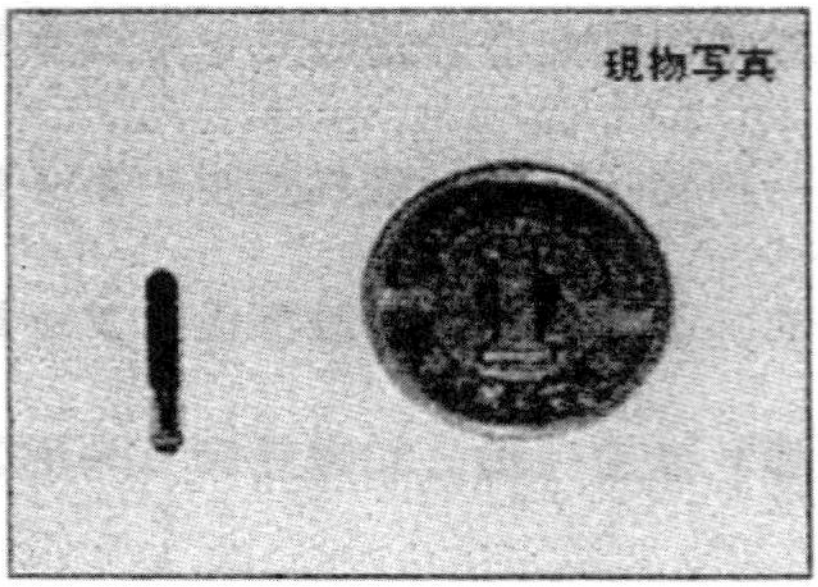

いざというとき威力を発揮するマイクロチップ

突然の迷子、災害、盗難、事故……。でもペットは住所も名前もいえない。盛岡市のセキセイインコのように「モリオカシ、コンヤチョウ、○○マンション、トダ・チロタン」と

自分の住所と名前を名乗って無事帰宅した例（〇五年九月）もあるが、これは例外で、いざというときマイクロチップは確実な身元証明になる。

マイクロチップ埋込みは、法律的には「動物が自己の所有に係るものであることを明らかにするための措置」〔〇六年一月二〇日 環境省告示第二三号〕に基づくもので、動物愛護管理法で犬・猫などの動物の所有者は、自分の所有であることを明らかにするために、マイクロチップの装着等を行うべき旨が定められている。（特定動物や特定外来生物を飼う場合には、マイクロチップの埋込みが義務づけられている）。マイクロチップの埋込みは、世界的な流れで、動物の安全で確実な個体識別（身元証明）の方法として、ヨーロッパやアメリカをはじめ、世界中で広く使われている。

犬・猫を海外から日本に持ち込む場合はマイクロチップなどで確実に個体識別をしておく必要があり、逆に海外に連れて行くときにはマイクロチップが埋込まれていないと持ち込めない国がある。

マイクロチップは、直径二㎜、長さ約八～一二㎜の円筒形の電子標識器具で、内部にはIC、コンデンサー、電極コイルが入っており、外側は生体適合ガラスで覆われている。それぞれのチップには、一五桁の数字（番号）が記録されており、この番号が犬・猫の個体を現す背番号のようなもので、専用のリーダー（読取器）で読み取る。リーダーから発信される電波を用いて、データ電波を発信するため、電池は不要、半永久的に使用できる。

このチップを、ふつうの注射針より少し太い専用のインジェクター（チップ注入器）を使って体内に注入する。埋込場所は、動物の種類によって異なるが、犬・猫の場合では、背側頸部（首の後ろ）皮下が一般的である。正常な状態であれば、体内で移動することはほとんどない。犬・猫などの哺乳類、オウムやインコなどの鳥類、カメやヘビなどの爬虫類、カエルやサンショウウオなどの両生類、魚類など、ほとんどの動物に使用できる。犬は生後二週齢、猫は生後四週齢頃から埋込みができるといわれている。

埋込み時の痛みは普通の注射と同じくらいといわれており、鎮静剤や麻酔薬などは通常は必要ない。費用は、動物の種類や動物病院によって異なるが、犬・猫の場合では数千円である。マイクロチップの埋込みは、獣医療行為にあたるため、必ず獣医師が行う。

一度体内に埋込むと、脱落したり、消失することはほとんどなく、これまでに故障や外部からの衝撃による破損の報告はないという。データが書きかえられることもないため確実な証明になる。

迷子や地震などの災害、盗難や事故などによって、飼い主と離ればなれになっても、マイクロチップの番号を全国の動物保護センターや保健所、動物病院などに配備されているリーダーで読み取り、データベースに登録された情報と照合することで、飼い主のもとに戻ってくる可能性が高くなる。マイクロチップの番号と飼い主の名前、住所、連絡先などのデータの登録は、飼い主が「動物ID普及推進会議（AIPO）」のデータベースに登録する。

なお、特定動物の場合は居住地の都道府県または政令市に、特定外来生物の場合は地方環境事務所にマイクロチップの番号などを報告する義務がある。

7章

人と共に変わる犬と猫のライフスタイル

ペットの家族化が進んでいる

ペットフード工業会（東京）の調査では、全国の犬と猫の飼育数は増加傾向にあって、二〇〇六年度は犬が一三〇六万八〇〇〇匹（前年度比四・九％増）、猫が一二〇九万七〇〇〇匹（同四・〇％増）となっている。動物を飼育できる集合住宅も増えており、少子化などを背景に「ペットの家族化」が一層進むとみられている。〇六年でいえば一五歳以下の人間の子どもの数は、対前年比で二・九％減の約一七〇〇万人だから、ペットが子どもの数を上回っている。

〇三年に行われた総理府の調査によれば、家庭で犬・猫などのペットを飼育している人の割合は、「飼っている」が三六・六％、「飼っていない」が六三・四％となっている。年齢別の場合、「飼っている」は四〇歳代で四一・九％、五〇歳代で四五・六％と高く、「飼っていない」は三〇歳代で六八・三％、七〇歳代以上で七一・八％と高い。また、自治体の規模別では、「飼っている」は町や村で四六・九％と高く、「飼っていない」は大都市で七一・三％と高い。そして住宅の形態別で、「飼っている」は一戸建てで四三・一％と高

く、「飼っていない」は集合住宅で八二・九％と高い。
ペットは好きだけれども、大都市に住んでいて仕事が忙しい、住宅が集合住宅だから飼えない、という実態を表しているといえるだろう。
これは「ペットを飼わない理由」に表れている。「十分に世話ができないから」が四六・五％ともっとも高い。また飼わない理由としては、「死ぬとかわいそうだから」（三五・〇％）ということもあるが、「集合住宅であり、禁止されているから」も二四・六％と高率である。

ペット飼育の有無

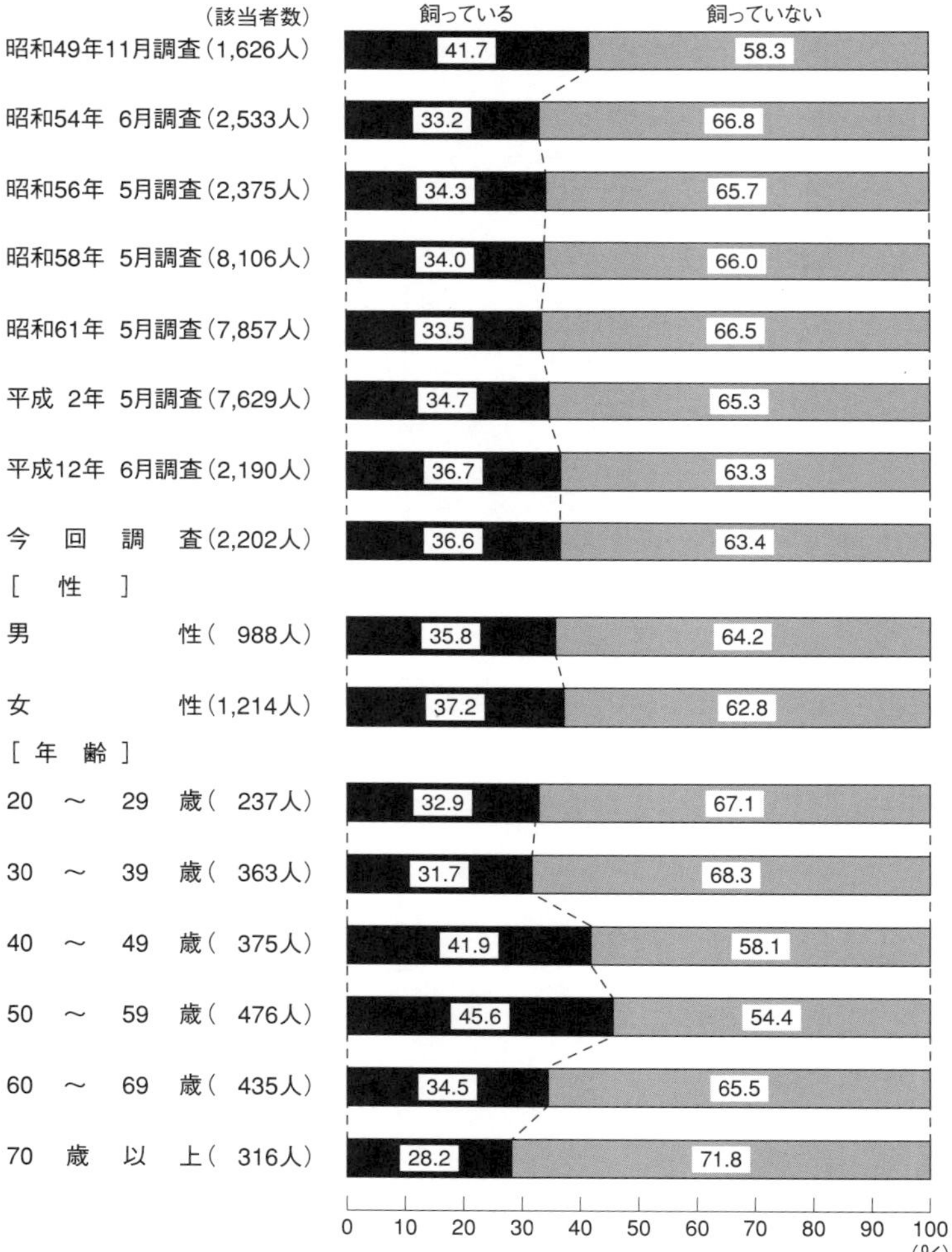

2003-07 動物愛護に関する世論調査「ペット飼育の有無」（内閣府）

増えている犬・猫との共生型マンション

以前からペット、とくに猫の場合は黙認というアパートなどはあったが、二〇〇〇年頃から団地やマンションでも「ペットの飼育OK」というところが出てきた。〇一年末、東京都でも「都営住宅内動物飼育に関する検討会」が、約二六万戸ある都営住宅の一部で、ペットの飼育を認めるべきだとする答申をまとめた。

それまで都は、都営住宅の入居者に、犬や猫、小鳥などを飼わないように指導してきたが、条例や規則での禁止規定はない。〇〇年に都が都営住宅の約二〇〇〇世帯で行ったアンケートでは、約一割が犬や猫を飼っていた。一方、鳴き声やにおいなどへの苦情や相談は前年度に五七〇件にものぼったことがわかり、検討会設置の背景になっている。

検討会は、ペットを禁止するだけではトラブルを防ぎきれないと判断し、ペットが高齢者の健康維持につながっているという指摘もあることから、飼育の可能性を検証すべきだと結論づけたのである。新ルールづくりでは、飼育可能なペットを小鳥、魚、犬、猫、ウサギ、ハムスター、モルモットなどに限り、しつけ講習の受講や猫への不妊・去勢手術を義務化すべきだとした。

ペットが禁止されているマンションが多い中、〇四年には、猫と暮らすための賃貸マンションが東京・世田谷に完成した。これまで運営してきたペット禁止の賃貸住宅でも、内証でペットを飼う例が多いことから、「猫との共生型住宅」の導入を決めたものである。犬や猫を飼えるマンションは増えているが、犬は散歩が必要、外でマーキングするなどの習性の違いから、どちらにも住みやすい住宅を作ろうとすると中途半端になるため、日中家にいなくても飼える猫に焦点を当てたという。

室内には猫専用のくぐり戸や階段、二四時間換気システム、専用のトイレスペースをしつらえ、床はひっかいても傷が付かない特殊樹脂張り、壁は人間の腰の高さから下を簡単に張り替えられるようになっている。人見知りする猫や、猫が嫌いな訪問者のため、エレベーターには猫が乗っていることを示す表示ボタンもついている。

一方で、犬・猫を嫌う人も少なくないから、問題も発生している。〇五年、奈良市の集合住宅で、犬や猫を飼う住民らに住宅管理センターから「早急に飼育を中止するよう警告いたします」という警告書が届いた。同じ集合住宅に住む人たちの中から苦情が出たための措置だったようだ。団地の賃貸契約書は、犬・猫の飼育を禁止しているが、入居が始ま

犬・猫の
飼育を
中止するよう
警告いたします。
○○団地

った一九七一年当時から飼育は事実上の黙認状態だった。それだけに一転して突然の警告書は、犬・猫を飼う住民にとって晴天の霹靂《へきれき》。同団地は高齢化が進み、犬や猫と家族同然の生活を送る老夫婦や独り暮らしのお年寄りも多く、警告書に大きなショックを受けているという。

日本全体としてはペット動物との共生の方向に流れている。沖縄から北海道まで各地の市営、町営住宅で試行錯誤が始まり、首都圏ではペット愛好者に照準を合わせたマンション販売が主流になっている。〇六年度に首都圏で発売された新築マンションのうち、ペット飼育を認めている戸数が七四・五％（約五万五〇〇〇戸）あった。九八年の比率はわずか一・一％（七〇九戸）だったのが〇四年には五〇％と急速に増えている。新しいものでは、ペットの毛繕いができる「グルーミング室」や散歩後の「足洗い場」、敷地内で犬を走らせることができる「ドッグラン」といった共同設備がついたものも戸数ベースで六二・六％にのぼっている。

犬・猫が市民権を獲得しつつあるが、マナーの悪い飼い主の行動が認められたわけではない。動物を飼育する以上は、犬・猫の習性、行動を学ぶと同時に、犬は特にしつけが重要である。マナー違反者が多ければ、たちまち元の木阿弥、ペット厳禁に逆流することは間違いない。動物嫌いな人たちは、この流れをどう感じているのか、人の心を思うことも大切である。

「ドッグカフェ」や「猫カフェ」の相次ぐ登場

飼い主と愛犬が一緒に飲食できる「ドッグカフェ」が、各地に広がりつつある。ペット専門誌によると、愛知、岐阜、三重の東海地方三県でその数約一〇〇店、愛知県は飼い犬登録数が約四二万九〇〇〇匹と全国一で、ニーズも多いからだ。

「イオンナゴヤドーム前ショッピングセンター」の一階には、「スリードッグベーカリー&カフェ」が出店、東京・代官山や自由が丘に続き五店目という。犬用ケーキやクッキーなどには砂糖や塩、保存料などを使わず、専門のパティシエが手作り。店内には犬用の洋服や首輪、おもちゃなども販売しており、「ご主人とワンちゃんにゆっくりくつろいでほしい」という。

〇八年に宮崎で開店した猫カフェは、飼い主に捨てられ処分されそうだった猫などを集めており、きちんと飼育することを条件に譲渡もしている。店主は「楽しみながら、命の重みを感じ、正しい飼育法を知ってもらいたい」と話している。

店内はテーブル席とカウンター席が計八席。飲食スペースの隣には、ネコが一〇匹前後いる部屋がある。五〇〇円分以上飲食すれば、猫と三〇分間ふれ合える。冷たい飲み物であれば、猫の部屋に持ち込んで、四〇分間過ごすこともできる。猫の部屋の壁には、飛び上がって遊んだり、休んだりできるよう、タワーや通路を設置してある。ポイントはそれぞれの猫の捨てられた経緯や特徴などを書いた写真付きポスターが張ってあり、飼い主を募っていることだろう。猫は、戸外で拾われて届けられたり、保健所から引き取ったりしていて、すべて害虫駆除や伝染病の検査、ワクチン接種を終えている。

毛皮の上に毛皮を着せる過剰な愛情

近ごろ、ずいぶんと犬・猫の飼われ方が変わってきている。二一世紀に入ってから急速に犬・猫の地位が向上？しているのだろうか。

〇五年には横浜で犬の服のファッションショーが開催された。犬用夏物新作の紹介だった。ショーには、オーディションで約二〇〇匹から選ばれた「モデル犬」二二匹が登場。ハイビスカス柄のアロハシャツやピンクのタンクトップを着た小型犬たちがステージを闊歩。舌を出すなど愛らしい表情で、尻尾を振って歩き回ると、会場からは「かわいい」と声が上がったとか。今や犬用の洋服などはふつうとなったが、真夏に犬に服を着せたら、熱中症の危険もあることを忘れてはならない。

同年、東京・池袋で開かれた「インターナショナル・シュー&レザーグッズ・フェア」の中で、初となる犬用靴のファッションショーがあり、カラフルな靴を履いたワンちゃんたちが続々と登場した。ペット犬関連市場の中で、「靴」は最後の必需アイテムと位置づけているという。

しかし、災害救助犬のような危険な業務につく犬以外、靴は不要である。「チワワなどの小型犬は、真夏の焼けたアスファルトなどで足の裏をやけどしてしまう。散歩時に靴を履けば大丈夫」との談話だ。「靴の存在を知るまでは家から出せなかった。靴をはかせるようになって、散歩にも連れて行けるようになりました」と言う人もいる。足の裏というものは、歩くことで丈夫になることを覚えていて欲しいものだ。

〇六年暮れには、ロシアの首都モスクワで、犬のファッションショーが開催された。「冬物コレクション」のテーマ通り、フード付き毛皮のコートやマフラーなど、ロシアの厳冬を乗り切る温かそうな衣装に身を包んだ犬たちが登場したというのだ。毛皮の上に毛皮を着るなんぞ、妙な時代になったものだ。

犬は一般的に冬に強い動物といえるが、例外的にチワワやミニチュア・ピンシャーなど体が小さくて、短毛の品種は、比較的寒さに弱い。だからなのか、「外出時にドッグコートを着せるなどの配慮を！」とコマーシャルが流される。大半の犬にとって冬でも起きている限りは寒くない。暖房が効いた室内は暑すぎる。飼い主の感覚を押しつけず、寒くてもたっぷり散歩させてあげよう。もちろん、コートは人間だけ着ればよろしい。犬をおもちゃにするのは考えものだ。

犬・猫の健康クラブや温泉も登場

服だけでなく、さまざまなモノやサービスが犬用と称して登場している。〇三年、宮崎市に犬の会員制フィットネスクラブ「ペットネスクラブ・ピーウェル　カリーノ宮崎店」がオープンした。この施設では、犬がリードなしに自由に走れる全天候型の運動場や、愛犬を洗えるシャワーブースを備えた全国初の複合型クラブというふれこみだ。室内で犬を

飼う家庭が増加、犬の運動不足が気になったり、犬と外で一緒に遊んだりしたい飼い主の需要に応えたものである。
〇七年には神奈川県・川崎市に豪華な犬専用の会員制クラブがオープンした。愛犬のための各種サービスを提供する複合型施設とのふれこみだ。近隣にはマンションや一戸建て住宅が立ち並び、犬を飼う家庭も多い。小型犬用、大型犬用、それぞれのドッグランや、気分をリラックスさせる高酸素ルーム、豪華な寝具を備えるペットホテルがある。このほか、飼い主も一緒にアロマテラピーを受けられるサロン、人間の保育園のように生後一〇ヵ月までの子犬を一定期間預かる保育施設などもある。入会金

三万円、年会費は一二万円だという。

〇五年、岩手県花巻市の志戸平温泉に犬・猫用の露天風呂ができた。約四㎡の岩風呂で源泉掛け流し。深さは二段で、子猫でも大型犬でも入浴できる。社長は「飼い主に喜ばれる」と思ってつくったといい、飼い主と別の部屋で宿泊もでき、猫と小型犬なら一泊三六七五円、日帰り入浴は共通で二一〇円だという。

〇六年、静岡県・熱海にペットホテルを中心に温泉施設、動物病院などを備えたペット総合施設がオープンした。その中にあるペットホテルは、スタンダード（一泊四二〇〇円）からスイート（同九四五〇円）まで三タイプのケージから選択でき、充実したサービスが売りで、たとえば一日四回の散歩が日課の犬でも、ふだん通りに連れていくという。施設内には、温泉を使った犬専用の足湯に加え、自由に走り回れるドッグランを設置。元気に遊び回った後は、足湯で疲れを癒やすのだそうだ。併設された「熱海動物愛護病院」も至れり尽くせり。半導体レーザー療法や低周波療法などに加えて、温泉療法も取り入れ主に高齢犬のための理学療法も受けられ、血液の精密検査やレントゲン検査、心電図検査を中心としたペットの健康診断も実施している。「ペットを置いて旅行に行けない、という観光客のお役に立てれば……」ということである。

〇七年、兵庫・湯村温泉に犬・猫専用の温泉施設「ワンニャン夢ハウス」がオープンした。「ペットを温泉に入れたい」という観光客らの声を受け、町が約一三九〇万円で建設、地元のペット愛好家や獣医師らでつくる団体が管理運営している。木造平屋約五〇㎡、露天風呂や足湯もあり、利用料は一時間一三〇〇円。飼い主は宿泊できないが、職員二人が常駐し、ペットの宿泊(犬三〇〇〇円、猫二〇〇〇円)や一時預かりにも対応している。

〇五年、岡山県玉野市の出崎海水浴場に全国的にも珍しい犬専用のビーチがオープンした。長さは約二〇〇m、犬は波打ち際を駆け回ったり、飼い主の投げたフリスビーを追って飛び込み、水しぶきを上げたりして、夏の海を満喫するのだという。入場料は大人が五〇〇円、犬は一〇〇〇円で、犬は専用ライフジャケットが必要で、入園料は人間より犬の方が高いのである。

旅行のとき、犬と猫をどうするか

旅行のときに、家族の一員であるペットを連れて行くかどうか迷っている家庭も多いにちがいない。

犬は自分のリーダーである飼い主さえいれば、どこへ行こうとハッピーだが、猫は基本的に連れて行かない方がいい。猫は意識の中でふだん暮らしている家を縄張りとしていて、そこがいちばん安心できる場所であり、落ち着くからだ。
犬を連れた旅行は、人間の赤ちゃんと一緒の旅行と同じであって、犬を一番と考え、弱者である犬を中心に無理のないスケジュールをたてるべきである。夏の旅行は暑さが大敵だ。ドライブ中にレストランやコンビニエンスストアに立ち寄る時は、決して犬を車の中に残しておいてはいけない。すぐに温度が高くなって、熱中症になってしまう。

自宅にペットを残しての旅行という場合もあるが、このときも室温が上がり過ぎないように注意する必要がある。食べ物と水を用意し、エアコンをつけていく。ペットの大半は人間よりも小さい分、周りの温度に大きく左右される。暑さには弱く、すぐに脱水症状に陥る。過ごしやすい温度に設定しておくことが望ましい。

食べ物は腐りにくいものが基本。犬・猫の場合は乾燥したフードを与える場合は問題ないが、半生のフードの場合は少なめにしておく。一週間くらいは水さえあれば、死ぬことはない。近所に知人がいれば、その人に様子を見に来てもらうのも一つの方法だ。家に来て世話をする「ペット・シッター」を利用することも考えられるが、動物を逃がしてしまってトラブルになったりすることもあるから、十分に注意したい。

アメリカには離れていても飼い主と「会話」できる犬専用の携帯電話が発売されている。愛犬の声が聞きたくなった時、番号を押せば電話がつながり、スピーカーを通して「会話?」を楽しむことができる、というものだ。通常の携帯電話と同じように電話をかけると、ベルが一回鳴った後で自動的に接続される。飼い主の呼び掛けは、首輪部分に埋め込まれたスピーカーから愛犬の耳に届く。愛犬が「ワン」と答えれば、飼い主にその声が聞こえ、会話が成立するというわけだ。価格は一九〇ドル(約一・八万円)前後だという。

動物虐待になりかねないペットの美容整形

〇五年、アメリカのカリフォルニア州南部、ウェスト・ハリウッド市のジョン・デュラン市長は、全米で増加しているペットの整形手術について「動物の苦痛を伴う」として禁止する条例案を発表した。条例案はペットの健康維持のため医療上必要とされる場合を除き、たとえば犬や猫の外見を良く見せるため耳やしっぽの一部を切除する手術を禁止するというもので、市議会での承認を経て条例化された。同市では既に、犬の無駄ぼえを防ぐための声帯除去や猫の爪を除去する手術が禁止されている。

〇八年、ペット・ブームの中国に「パンダ犬」が登場した。急速な経済発展に伴い富裕層が増えている中国の都市部で、ペット・ブームを受けて、犬の美容がエスカレートしたものだ。

「うちの犬は、パンダの格好になってから、スターのような待遇を受けたよ」と得意気に語る飼い主の感覚が心配だ。北京近郊の大都市・天津でのイベントでは、パンダ犬は数千人の子供たちに囲まれ、大人気だったようだ。ここ数年、ペット美容店を訪れる顧客数

は毎年約二〇%の伸びで、中国人にとって一年で最も大事な行事「春節」(旧正月)の前ともなると、愛犬連れの行列ができるそうだ。
パンダ犬よりも手間がかかるのが、プードルを「クマのプーさん」に出てくるロバの「イーヨー」のような姿に変身させる美容だという。一三人がかりで七時間を要し、費用は四〇〇〇元(約五万六〇〇〇円)と高額だ。北京五輪の年は五輪マークを染めた犬もはやったらしい。ペット美容業界では「毛の染色は美容師がまず自分たちで試してから行っているので、安全性に問題はない」などとしている。

一方で、行き過ぎた美容整形に「動物虐待」との批判も強まっている。「犬の皮膚は敏感だ。染色剤の被害は短時間ではわからない。取り返しのつかないことになる」と非難の声が出ている。しかし、こうした批判もどこ吹く風で、整形など、さらにエスカレートしている。『中国新聞社（電子版）』によると、東北部の吉林省吉林市では、犬の眼を二重まぶたにする手術のほか、ブタ、羊などの姿に似せる手術まであるという。

「ペットへの遺言書」も登場

遺言書作成のアドバイスを行う行政書士に、「愛するペットが困らないように、遺言を残しておきたい」という相談が相次いで寄せられているという。民法上、ペットに直接遺産を残すことはできないため、ペットの世話をしてくれることを条件に、家族以外の人に遺産を贈るという内容の遺言書を作るケースも出てきた。

少子高齢化で独り暮らしのペット愛好者も増える中、ペットへの「遺産相続」の問題が出てきたのである。東京都台東区の行政書士のもとに、「ペットに遺産は残せるか」という相談が初めて寄せられたのは〇三年のことで、以来約五〇件の相談があったそうだ。そして、これまで三人が実際に遺言書を作成したという。一人は七〇歳代の女性で、愛犬のために残す遺産は一五〇〇万円。贈り先は気心の知れた近所の友人。夫に先立たれ、独り暮らしになった女性は「これで肩の荷がおりました。私にもしものことがあっても、大丈夫ですね」と、ほっとした表情を見せたという。ほかの二人も高齢者で、ペットの世話を条件に三〇〇万〜五〇〇万円の遺産を贈るという遺言書を作った。

トラブルが起きないよう、遺言書は自筆ではなく公正証書にし、食事の回数や散歩の頻度など世話の内容を具体的に定めた「覚書」を、遺産を贈る相手と交わす。独り暮らしの高齢者がペットと暮らすケースは増えているが、飼い主が突然亡くなれば、最悪の場合、処分される可能性もあるから、遺言書を作っておくことは、飼い主の安心のためにも、ペットのためにも有効である。

ただ、遺産相続を巡る問題だけに、トラブルも予想される。遺産だけ受け取って世話をしないとか、法定相続人などから異議が出る、あるいは世話を頼んだ人にペットがなつかないなどの問題が生じる可能性がある。これに対する方策の一つは、遺言内容を実行に移す権限をあらかじめ与える「遺言執行者」を指定しておくことだそうだ。約束を守らない場合や、世話の内容があまりにもひどい場合、この遺言執行者が、遺産を贈るのを取り消すことができるというものである。ともかくトラブルになることだけは避けたい話である。

愛を誓い「首輪の交換」を行うペットの結婚式

〇四年、神戸のホテルで犬の結婚式が執り行われ、愛を誓い「首輪の交換」があったという。もちろん模擬結婚式であるが、タキシード、ウエディングドレスに身を包んだミニチュアダックスフントの「新郎新婦」がバージンロードを進んで入場。立会人の前で結婚証明書に前足で「誓いの押印」をした後、飼い主が交換した首輪を互いの愛犬に着けた。

　披露宴では新郎新婦に「ニース風サラダ」や「砂肝ハーブソテー」などシェフ特製のコース料理が、飼い主らにもフランス料理が振る舞われた。衣装は着物やチャイナドレスもあり、首輪など犬向けの引き出物も用意。費用は四〇万～五〇万円という。「ワンちゃんも飼い主も満足してくれるはず」とは、ホテルの広報担当者だ。

　アメリカで無人島に行くなら配偶者より「ペットと一緒に」という人が多数いたという調査結果が報道された。それによれば、アメリカ人の三分の二以上が、無人島に取り残されるなら配偶者よりペットと一緒の方がいいと考えていることが分かったのである。犬猫の

医療保険を扱う「ペットプラン」がペットを飼う一一〇五人を対象に行った調査である。
このほか、半数以上の人がペットのためにパーティーを催したことがあり、約七〇％の人がペットと一緒に寝ており、六三％の人がペットのために料理をし、六八％の人がペットにおしゃれをさせていることも明らかになったという。
一部の人々にとっては、犬・猫はもはや「人間以上」なのかもしれない。〇六年、札幌で、若い男が同居していた女性の二人の女の子を虐待死させた事件があった。死体遺棄容疑で逮捕された後、自宅マンションで飼っていた小型犬四匹を心配し、知人に引き取ってもらっていたことが判明したのだ。四匹はいずれもロングコート・チワワで世話の行き届いた状態だったという。札幌南署員は「ペットの犬は愛せても、幼い子二人は愛せなかったのだろうか」とやりきれない表情を浮かべたそうだ。

地域猫の現状と課題

いわゆる地域猫の問題は、ここ数十年存在する。この猫たちは、ペスト予防のための家ネズミ駆除のために活躍した野良猫の末裔たちとも考えられる。しかしペストへの関心が薄くなった今では、たんに野良猫であり、けむたがる人も出てきた。猫好きの人は、哀れな野良猫を見て、悪いことをしているという意識もなく、餌を与えてきたのだ。

野良猫に関しては古くからその解決法が模索され続けてきた。一九九八年には横浜市磯子区で、街の野良猫を地域の住民が共同で世話をして「地域猫」にしようという試みが始まった。猫が好きな住民と嫌いな住民が議論を重ね、餌場の掃除や不妊手術などをルールにして、「地域猫」を定着させる飼育ガイドライン作りを進めたのだ。これを主導したのは磯子区で「ホームレス猫（野良猫）防止対策事業」を始め、猫が好きな住民と嫌いな住

民が話し合う場を設けたのである。
当初は「かわいそうな猫をつくったのは人間だから、面倒を見てやるべきだ」という猫好き派と、「野良猫に餌をやっても、被害が増えるだけだ」という猫嫌い派で、意見が対立したという。しかし、話し合いを重ねるうちに、悪さをする野良猫もルールを守って餌付けすれば行動パターンが変わって素行がよくなるという考え方から、「地域猫」の概念が生まれた。最終的に、「餌付けをする人が責任感を持つようになればいいのではないか」と、両派が歩み寄ったという。

区は、その年から獣医師や町内会長、公募した区民による検討委員会を設け、飼育ガイドライン作りに着手した。そして「数を増やさないよう不妊手術をする」、「餌場やトイレを決まった場所にし、掃除をする」、「首輪などの目印をつける」などのルールが盛り込まれたのである。

しかし、一人でもルールを破る人間がいると、うまくいかなくなる。自分の好きな時間にやってきて、勝手に餌を与えたり、大量の残り物を与える、掃除をせずに帰ってしまうといったことが起こると、調整がとれなくなる。以来、猫への餌やりと地域猫問題はずっともめ続けてきたのである。

たとえば、〇七年の福岡における騒動もそれだ。「責任持って餌を与えています」、「猫に餌を与えないで！」と、餌場に対照的な二つのグループが張り紙を出した。

〇八年には川崎市で猫の餌やりをめぐり口論が発生し、アパート入居者がそのアパートの経営者を刺殺する事件が発生した。加害者は当時、酒に酔っており、猫の餌付けをめぐって「昨日も今日も注意を受け、かっとなってやった」と容疑を認めたという。

地域とともに自治体のかかわりも重要

根気強く猫と人間の共生を目指すグループの活動も続いている。千葉県で活動するボランティアグループは、地域にすみ着いた野良猫が巻き起こす住民間のトラブルを解消するため、正しい知識を教え、アドバイスを送っている。「目指すのは『野良猫ゼロ』じゃなくて『野良猫トラブルゼロ』です」という言葉が印象的だ。

変わらないのは、野良猫の悪さに迷惑する人と、こっそり餌を与える人との間に、いつしか生まれる感情的なトラブルである。しかし、横浜の磯子区のように、両者が話し合う場をつくり、餌やりや水やり、糞尿の始末などのルールと役割を決めることが必要だ。それと同時に大切なのが、室内飼いの徹底と捨て猫の禁止、野良猫の不妊・去勢手術である。このグループのリーダーは、「人と人が仲良く暮らすことで猫も安心して暮らせる。人間中心でも猫中心でもなく共生していければ」と語る。

野良猫対策活動として異色なのが、大学構内の野良猫対策活動だろう。一〇年ほど前、野良猫の個体数を管理して地域と猫の共生を目指すサークルができた。最初は早稲田大学

（東京）の「早稲田大学地域猫の会」であり、おそらく二番目が三重大学（津市）内の野良猫の世話や不妊手術の世話、里親探しをするサークル「ねこサー」だろう。ここでは教育学部近くを中心に、野良猫への餌やり、糞の始末、野良猫の写真つきの名簿「ねこせき（戸籍）」作成のほか、猫に不妊手術を受けさせることもあるという。頭から猫を嫌うのではなく、議論したり観察したり、学生たちが活動を通じて命のことを考えることは素晴らしいことだと思う。社会に出てからも、周りの人や子どもたちに語り継いでいくに違いないからである。

8章

犬・猫の食生活とペットフードの安全性について

本来の犬と猫の習性をふまえた食生活を……

ペットフードメーカーでもある味の素ゼネラルフーヅのアンケート調査で、ペットの意外な好みが明らかになった、と報告されたことがある。それは犬の好物は果物と野菜で、猫はお菓子が大好き……というものだ。確かに意外である。無作為に抽出した飼い主五〇〇人の回答によると、ペットフード以外で犬が好む食べ物の一位はリンゴ。ミカンやキュウリも多かったそうだ。猫はアンコが一番人気で、スナック菓子も五位に入ったという。可愛いペットにはつい、好きな食物をあげたくなるが、犬・猫も糖尿病などの生活習慣病にかかる。体が小さい分、病気が現れるのも進むのも早い。原則としてペットに人間の食べ物を与えてはならず、味つけもいらない。

本来の犬・猫が果物やお菓子を好むわけではない。猫は人間の甘味をごくわずかしか感知しない。これは犬・猫が小さなとき、つまり社会化ができていないころに、飼い主が与えたために、犬・猫はそれを大切な食べ物だと思い込んでいるだけなのだ。動物の子どもは母親や仲間のすることを見ながら学び、育つ。

ライオンなどのネコ科動物もオオカミなどのイヌ科動物も、親あるいは仲間が食べたものを食べる。毒も入ってなく安全だから、彼らが食べるものを食べていれば少なくともその親や仲間の年齢までは生きることができる、という本能的な学習能力が備わっているのである。

人間はよく「お袋の味」というが、動物も小さい頃に慣れ親しんだ味を美味しいと感じるようにできている。

日本の猫は、サザエさんの漫画ではないが、魚好きとされる。これも日本人が魚をよく食べ、残りものを猫に与えていたからだ。ビフテキが好きなアメリカ人が飼育する猫は牛肉を好むのである。

犬・猫の腸の機能が完成していないうちに、果物やお菓子を大量に与えたら、とうぜん体調を崩す。彼らの腸は、そのような植物質を消化するようにはできていない。つまり前記のアンケートは、飼い主がいかに自分たちのエゴで食べ物を与えているか、という証拠である。

知ってのとおり、犬・猫は食肉類に属する。鋭い牙と三角形の尖った奥歯を見ればわかるが、肉を食うのに適応した動物だ。内臓もそのようにできている。人に飼われるようになってから長い時間が経過し、やや人間の生活にも順応しているが、基本的には肉食である。犬と猫とでは、猫の方が肉食の傾向が強い。犬はどちらかというと雑食性に近い。そこで、ペットフードも犬・猫用に分かれているのだ。

菜食主義の人は猫に植物質を多く与える。しかしこれは虐待に近い。植物性のタンパク質には、猫の無病息災に欠かせない重要なアミノ酸の多くが含まれていないからだ。タンパク質を餌から十分摂っていない猫は、次第にヒステリックになり、極度に攻撃的になる。動物性タンパク質は、脳内伝達物質セロトニンに変性するトリプトファンというアミノ酸を含んでいる。セロトニンは痛みを和らげ、高ぶった感情をなだめるのに必須の物質なのである。

ドッグフード・キャットフードはどんな原料から作られているか

缶詰（ウェット・タイプ）といわゆるドライ・フードには、本来の肉食性動物が狩りをして得るのに相当するすべての重要な栄養素が、適切な分量で配合されている。〇九年四月二八日、愛玩動物用飼料の安全性の確保に関する法律ができ、飼料の成分規格や製造の方法、表示の基準などが、細かく定められた。今後、ペット・フード・メーカーは、国の厳格な基準を守っていかなければならない。

標準的な缶詰の場合は、三分の一が肉で、残り三分の二は野菜、穀物などで増量してある。ただし高級品は肉の量が倍になるが、「お肉一〇〇％」の缶詰でも、一〇％分は炭水化物だという。

ここでいう「肉」とは、私たち人間があまり食べない部分で、圧倒的に多いのは、ウシやヒツジの腸、ブタの胃、脾臓、腎臓、肺、乳房など、大形動物の内臓のたぐいである。

家畜の中で疲労しているもの、病気のもの、余命いくばくもないもの、すでに死んだものなどが常に選別され、状態があまりにも悪い場合を除いて、それらはペットフード用に加工されるという。

海外での事件をきっかけに、日本でもペットフードの安全にかかわる法律が成立

〇五年一二月、ペットフードに対する安心感が、突如、破壊された。カビ毒で汚染されたペットフードを食べた犬が二三匹死亡するという事件が起きたのだ。アメリカでの出来事で、米食品医薬品局（ＦＤＡ）は、ペットフードにカビ毒の「アフラトキシン」が含まれている可能性があるため、製造元が回収している、と発表した。「アフラトキシン」は、

トウモロコシや穀物などに発生するカビがつくり出す強力な発がん物質で、動物が摂取すると肝臓がんを引き起こす。ＦＤＡは、回収対象となっている製品は欧州を含む世界二九ヵ国に輸出されていることを突き止め、各国に対して通達したのである。

続いて〇七年三月、カナダのペットフードを食べた犬や猫が腎不全を起こし、約一〇匹が死亡するという事件が起こった。リコールを急ぎ、四九銘柄のドッグフードと四一銘柄のキャットフードで、計六〇〇〇万個を回収。

ニューヨーク州当局はその会社の商品を調べた結果、ネズミ駆除用の毒物が検出されたと発表したのだ。毒物が同社商品に混入した経緯は不明という。犬・猫の被害はさらに広がっており、少なくとも一六匹の死亡が確認された。愛犬家や愛猫家に「どのペットフードを買ったらいいか分からない」とパニックが広がった。

さらに調査を進めていたFDAは、原料の中国産小麦グルテンに化学物質メラミンが含まれていたと発表。グルテンのほか、死んだ猫の腎臓からもメラミンが検出された。メラミンは合成樹脂の原料で、アジアでは肥料としても使われるが、ペット食品への添加は禁じられているという。

ニューヨーク州当局はすでに「殺鼠剤のアミノプテリンを製品から検出した」と発表していたから、混乱した。四月に入って北米でペットフードの大規模リコールが広がった。犬用ビスケットも含め、リコールされたペットフードは一〇〇種類を超え、状況は混乱をきわめた。

米メディアは獣医師団体の推計として数百匹の犬と猫が死んだ可能性があると報じた。FDAによると、腎臓障害など犬と猫の異常を訴える報告が一万件以上寄せられたという。FDAは、原料として使った中国産の小麦グルテンと、ペットフードを食べたペットの尿などからメラミンが検出されたと発表。

「中国原因説」が強まる中、中国産食品の安全性へ懸念の声も出ている。日本ではペットフードの輸入業者が「米で回収対象となった商品は扱っていない」と発表し、不安沈静化に努めている。米紙ニューヨーク・タイムズは、小麦グルテンを製造した中国江蘇省・徐州の業者がタンパク質の含有量を増やすためメラミンを意図的に混ぜた疑いがあると報道し、「中国のずさんな食品安全規制は問題」と警鐘を鳴らした。

五月になると、さらに大きな問題となった。中国外務省などは、パナマ向けに輸出された薬用甘味料のグリセリンの中に毒性物質が混入されており、しかもその物質が、米国とカナダへ輸出されたペットフードの中にも混入していたと発表。米ニューヨーク・タイムズ紙はパナマで一〇〇人の死亡が確認されたと報道したのだ。

こちらは犬・猫ではなくて人間が死んだのだから、事態はさらに深刻である。内臓の機能低下などの不調を訴えた多数の患者が原因不明で死亡。患者らが服用したかぜ薬の原料の一つに「グリセリン」も表示されていたが、パナマ政府の依頼でＦＤＡが調査したところ、その中にジエチレングリコールが含まれていたことが判明した。ジエチレングリコールはグリセリンと比べて格段に安価。江蘇省にある化学薬品会社がグリセリンに混ぜて製造し、スペインや中国の貿易会社を通じて輸出されたという。

〇七年八月、こうした問題を受けて、日本でもペットフード安全策で新法検討をはじめた。農水、環境両省合同の有識者会議の初会合を開いて対策の検討を開始。そして〇八年三月には、環境省と農林水産省が、ペットフードの製造方法や成分を規定し、有害物質を含む製品の製造・販売・輸入を禁じる「ペットフード法案」をまとめた。違反者は一年以下の懲役や一〇〇万円以下の罰金となるほか、法人の場合は最高一億円の罰金を科す、というもので、〇九年四月に「愛玩動物用飼料の安全性の確保に関する法律」が定められた。

ぜいたく過ぎる商品は、犬や猫を本当に幸せにするだろうか？

九〇年代から愛犬用の「おせち料理」が販売されるようになった。当初はペットフード

や干物の詰め合わせ程度だったが、最近では百貨店やペットショップで一～二万円前後のおせちも登場している。

〇五年の暮れのこと、戌年を控えて「〈おせち料理〉お犬様用　親心くすぐる商品」（五万円）が登場した。約二七㎝角のお重が三つ。一の重は、ラム肉ピザ風ステーキ、根野菜のチキンスープ煮、マグロとチキン春巻など六品。二の重は、牛ロース彩りステーキ、伊達巻、栗きんとんなど一一品。三の重は、豚肉と大根の年輪巻き、デザートなど八品。これが冷凍して配達され、食べさせたいぶんだけ解凍して与える、というものだ。もちろんネギ類、チョコレート、ブドウの皮は入っていない。また、高血圧になりやすい塩分、虫歯や肥満の原因となる糖分は人間よりはるかに控えめとなっているそうだ。塩、砂糖、保存料、香料を使っていない。重箱は風呂敷で包み、犬の形をした伊賀焼の酒器の吟醸酒がつく。中子（重箱の中の器類）も陶器を使っているらしい。

それにしても限度を超えている。アフリカなど世界には、飢餓に苦しむ子どもたちが何百万人もいるという時代に、このようなものを犬に買って与える人間がいるとは。作る方も作る方だが、買う方も買う方だ。ペットフードも安ければよいという人と、高価な品々で毎日手作りするようなこだわり派と二極化が進んでいるというが、ペットというものは飼い主と共に生きるものである。犬・猫のことをもう少し学んで、彼らにとって何が幸せなのか、よく考えてみる必要があると私は思う。

9章

ペットの医療と保険について

犬・猫の病気――とくに恐い伝染病

犬や猫などの動物も、人間と同じく怪我をしたり病気になったりする。怪我で思い浮かぶのは、高いところから落ちたりしての骨折、喧嘩などによる傷、そして交通事故などである。

疾病ではとくに伝染病に致命的なものが多い。人間もそうだが、犬・猫も生まれた直後は最初期母乳である初乳を飲むことによって母親の持つ免疫を譲り受ける。この免疫は生後およそ四五日から九〇日くらいまで効果があり、その後徐々に効果がなくなる。効力が失われる時期が、病気に対する抵抗力がもっともなくなる危険な時期である。

伝染病を予防するため多くのワクチンが開発されている。ワクチンで防げない病気もたくさんあるが、せめてワクチンがあるものは接種してあげる必要がある。したがって最初のワクチンは免疫がなくなってくる「生後およそ四五日から九〇日くらい」の間にするのがよい。基本的には動物病院での第一回目のワクチン接種については、母犬譲りの免疫が少し残っていて、せっかくの接種も十分な効果が得られない場合があるので、より確実に

免疫をつくるため、一回目の接種後三〜四週間置いて、追加で一回から二回接種すると安心である。ワクチンによる免疫も約一年しか効果がないものもあるから、そのような病原体に対しては毎年継続してワクチン接種を受ける必要がある。

ただワクチンはその動物を疾病から一〇〇%守ってくれるものではない。病気になっても軽くて済むと考えておいたほうがいい。そして犬・猫によっては、アレルギーもあるから、それも念頭に置いておいた方が良いだろう。それとワクチンを接種したらすぐ病気を防ぐことができるかというと、そうではない。体の中に抗体ができて免疫力がつくまでには日数がかかる。外出するのは接種後少なくとも二週間程度たってからにしたい。

犬の代表的な病気

ジステンパー：ジステンパーウイルスによる飛沫感染、または接触により感染する犬の代表的な病気。感染力が強く、死亡率も高い。神経症状などが起こり、治っても後遺症が出ることがある。症状としては発熱、目ヤニ、鼻水、くしゃみ、食欲不振、下痢、神経症状など。

イヌ・コロナウイルス感染症：イヌ・コロナウイルスによる経口感染で、一〜二日ほどの潜伏期間を経て、下痢、嘔吐の症状を引き起こす。パルボウイルスと同時予防が必要。

パルボウイルス感染症：イヌ・パルボウイルスによる経口感染で、ウイルスはチリやホコリに混じっている。免疫力の少ない子犬が呼吸困難により突然死したり（筋炎型）、血液が混じる激しい下痢、嘔吐、脱水、発熱などを引き起こして死亡したりする（腸炎型）。

レプトスピラ症：犬だけでなく人間やほかの動物にも感染の可能性がある人畜共通感染症である。レプトスピラという螺旋状の細菌が尿中に排泄され、尿と接触することで感染する。症状としては歯茎からの出血や黄疸、嘔吐、下痢、脱水症状、高熱、食欲低下、肝障害、腎障害、血便など。

イヌ・パラインフルエンザ：イヌ・パラインフルエンザウイルスにより、ケンネルコフ（犬伝染性喉頭気管炎）と呼ばれる呼吸器系疾患を引き起こす感染症。感染力が強く、接触や咳、くしゃみなどの飛沫から感染する。症状としては鼻水、激しい咳、扁桃腺炎など。

イヌ伝染性肝炎（イヌ・アデノウイルス1型感染症）：イヌ・アデノウイルス1型による経口感染で、肝炎が主で、突然死してしまう場合と軽い症状の場合とがある。症状としては嘔吐、下痢、発熱、食欲がなくなる、目が白く濁るなど。

イヌ・アデノウイルス2型感染症：イヌ・アデノウイルス2型による感染症で、肺炎や扁桃腺炎などの呼吸器系疾病を引き起こす。この2型ワクチンで前記の1型も予防できる。症状は咳、鼻水、発熱、肺炎、扁桃腺炎など。

狂犬病：狂犬病に感染した犬の咬傷による唾液によって接触感染する。人畜共通伝染病で、日本では狂犬病予防法で毎年の予防接種が義務づけられている。発症すると致死率一〇〇％といわれ、神経質、凶暴化、食欲不振、大量の唾液。興奮する狂躁型と、麻痺後約四～五日で死亡する麻痺型とがある。

猫の代表的な病気

猫汎白血球減少症（猫伝染性腸炎）：ネコ・パルボウイルスが病原体で、感染力が強く、感染した猫の排泄物などから感染する。白血球が極端に減少し、体力のない子猫は一日で死亡してしまうこともある。症状は発熱、激しい嘔吐、血便、下痢、食欲不振、脱水症状など。

ネコ・ウイルス性鼻気管炎：ヘルペスウイルスによる感染症で、感染した猫のくしゃみ、咳などから感染する。症状としては発熱、目ヤニ、鼻水、くしゃみ、食欲不振、不活発、脱水症状など。

ネコ・カリシウイルス感染症：カリシウイルスによる感染症で、悪化すると口内に潰瘍ができ、肺炎を起こして死亡することもある。症状はネコ・ウイルス性鼻気管炎の症状とよく似ている。

ネコ・白血病ウイルス感染症：オンコウイルスによる感染症で、感染した猫の咬傷による唾液や血液、互いをなめあうグルーミングなどにより感染する。現在は、有力な治療法がないため、発症すると八〇%が三年以内に死亡するほど死亡率が高いといわれている。症状は貧血、流産、体重減少、発熱、脱水、下痢、結膜炎、鼻水など。

クラミジア感染症：感染した猫との接触により感染し、その菌は眼や鼻から侵入する。重度の場合、肺炎で死亡することもある。症状は慢性的に粘着性の目ヤニが出る結膜炎を起こし、くしゃみ、咳、肺炎など。

ウルセランス菌による感染症：二〇〇一年頃から猫から人間にうつり呼吸困難を引き起こす新しい病気が広まりだした。ウルセランス菌によるもので、発病猫の鼻水やくしゃみのしぶきから感染する。症状はジフテリアにそっくりだそうだ。呼吸困難、発熱、声がれ、喉の痛み、耳下腺の腫れ、咳、黄白色の痰、血の混じった鼻水、鼻づまり…といった症状が出る。世界初の患者を報告した英国では死者も出ている。日本では届け出義務はなく、医師や獣医師でさえほとんど知らない。厚生労働省は潜在患者は多いとみて、二〇〇九年七月、都道府県などに注意を呼びかける文書を出している。なお、猫だけでなく犬からも感染した例が知られている。飼っている猫や犬が風邪のような症状を起こしたら、すぐ獣医師に診てもらうのが最良である。

犬・猫に共通する寄生虫による病気

回虫症：数匹ならさほど害は無いが、体内で増えると子猫のように体力がない場合は、腸閉塞などの重い症状が起こり、命に関わることがある。症状としては元気がない、お腹が腫れている、下痢や嘔吐をおこすなどで、排泄物をよく観察するとわかる。虫がいるようだったら、病院で駆虫薬を貰って飲ませる。体内には卵の段階のものもいるから、半月後にもう一度検査と投薬を行い、卵から成長した回虫も完全に駆除する。猫の便から他の猫にうつるし、排泄物の中で回虫は一〇日は生きているので、早めにしっかり処置することが重要である。

また、犬・猫ともに、母親が回虫を持っていると子にそのまま移動するので、繁殖を予定している場合は事前に回虫のチェックをしておくことが必要である。

フィラリア：犬だけでなく猫にもある。夏場、蚊に刺されると、これをうつされる危険がある。この病気は病状が進行するまで目立った症状が表れない。元気が無く、食欲がないといった初期症状から始まり、やがて犬・猫の腹が腫れる。そのまま放置すると血尿などが見られるようになり、最悪、死に至ることもある。しかし、現在では月に一回飲ませる駆虫薬ができたおかげで、予防できるようになった。ただ、薬が強いため副作用がある。いずれにしてもいつも犬・猫の様子には気を配っていきたい。

犬・猫における医療ミスと裁判の一例

二〇〇八年六月に死亡事故ではない事件に医療ミスの判決が出された。これは、ペットの猫に無断で不適切な治療を行い、後遺症が残ったとして、飼い主が動物病院長に賠償を求めた訴訟で、東京地裁は約四六万円の支払いを命じた、というものである。

病院長はこの猫の右目角膜の穴から組織が出ているのを見つけ、飼い主に相談せずに絹糸で巻き込んで固定する処置をしたが、外傷性白内障などの後遺症が残った。

判決で「獣医学的な裏付けを欠く極めて不適切な施術だった。適切に処置していれば後遺症はなかった」と指摘した。

〇八年一一月、動物病院に入院させたペットの犬を殺されたとして、飼い主が、経営者の獣医師に損害賠償を求めた訴訟の判決で、東京地裁は慰謝料など約一一〇万円の支払い

を命じた。判決によると、飼い主は〇六年七月、病気にかかった犬と元気な犬二匹を連れてその病院を訪れた。すると獣医師はなぜか健康状態の良かった犬の入院を勧め、飼い主はその勧めに従って入院させたが、その日のうちに犬が死んだ。

翌日、飼い主が別の病院に解剖を依頼し調べた結果、気管に人為的にビニールを詰められて死んだことが分かった、というものである。

前年には、その動物病院に預けていた犬の様子を見に来た夫婦を突き飛ばして夫に怪我をさせたなどとして、傷害と暴行の罪に問われていた獣医師の男に対し、東京地裁は懲役一年、執行猶予三年の有罪判決を言い渡した。

この二つの事件は、同じ動物病院で起こったもので、弁護士は「ほかにも多くの被害を把握しており、獣医師免許の取り消しを求めたい」としている。

こう書くと、動物病院とはひどいところだ、と思うかもしれない。しかし、このような悪徳動物病院、あるいは未熟な？獣医師はごく稀な存在だろう。人間相手の病院でも医療ミスは起こるのだから、ふつうに考えれば、それよりは高い頻度で医療ミスが起こっている可能性がある。なぜならば、動物の病気は分かりにくい。人間はここが痛いとか、調子が悪いとか訴えるから、一般的に病気の原因を突き止めやすい。ところが犬・猫は言葉を話さないので、まずどこが悪いのか見つけるのが難しいからだ。

犬・猫は体が不調であってもできる限り隠そうとする。野生時代からの本能で、不調なものは即、死が待っているから不調を外面に現さないのである。いよいよ調子が悪くなると、静かな場所に隠れる。そこで回復を待つわけだ。かなり悪化した病状だと、ほとんど回復することなくそこで静かに死を迎える。「飼い主に死ぬのを見せない」という俗説が出るゆえんである。「痛い、痛い」などと大騒ぎする人間とは大違いだ。

だから完璧な治療は獣医師の力だけでは行えない。ふだん共に生活していて、その動物のことを一番良く知っている飼い主が協力してこそ病気を治療することができるのである。動物と獣医師との間で通訳をする必要があるのだ。獣医師は今どういう状態で何が原因か、どういう治療方法が考えられるか、考えられる予後はどういうものかを、知識と経験に基づいて推測するわけで、ここで飼い主との会話が非常に重要なものとなる。

飼い主は獣医師と話し合った結果、内容を理解し、納得した上で治療を依頼するべきだろう。分からないこと、気になる点があったら、理解するまで尋ねる必要がある。必要というより義務といっていいかもしれない。その上で獣医師が治療活動を開始するのが理想的である。

動物病院に預けっぱなしでは、動物は回復しないだろう。ともかく犬・猫は、飼い主と一緒にいること、飼い主の家にいることがいちばん幸せなのである。犬・猫にとって、動物病院に入ることすら非常なストレスになっている可能性がある。それだけでも参ってしまう個体もいる。つまり客観的に犬・猫の心を理解することが重要なのである。

動物病院によって大きな開きがある医療費の実態

動物病院にかかると、一回に一〇〇〇円単位でお金が消えていく。人間の場合は健康保険に入っているから、その場で出て行く現金は三割ほどである。だから動物病院は高いという印象があるのだ。犬・猫も福祉が充実してきて、裁判でも人並みの補償が得られるようになってきているから、医療費も人並みに上がってきて当然といえば当然なのかもしれない。

動物医療の料金は、その病院の獣医師の考えが反映している。自分の腕を売るのだから、自信のある獣医師は高く設定したいところだろう。それを飼い主が納得するかどうかが問題なのである。そのような認識のまったくない飼い主だと、請求金額の数字だけを見るから、「高すぎる！」という問題が生じる。問題は、獣医師の技量を評価する判断基準がないということである。

社団法人・日本獣医師会が運営しているサイトに一九九九年の「小動物診察料金の実態調査結果」という一覧表が掲載されている。これは同医師会が行なったアンケート調査結果で、全国一六〇〇人余りの獣医師から得られた回答をまとめたものである。

おもな項目を見てみると、まず初診料だが、もっとも高いところで、四四九九円。下は〇円のところもあり、平均は一一九一円である。次いで犬の不妊手術料。犬は体重別に細かく分かれており、二万円から四万円である。猫の不妊手術料は、オスの方が安く、平均一万一五四一円、メスは一万八四九六円である。

料金設定は動物病院ごとにかなり開きがあるので、待合室に料金表が掲示されているかどうか、治療を始める前に大体どれくらいの出費なのかを尋ね、また分割が可能かどうかなどを確かめることをすすめたい。

最後は人間性ということになる。獣医師と飼い主の良い関係が構築できるかどうかにかかってくる。

自治体によっては不妊手術に関しては補助金が出る場合もある。犬・猫の嫌いな人も払っている税金からの出費だからそれほど多くはない。高額な場合で五〇〇〇～六〇〇〇円くらいで、個人的に払う分は残りのおよそ五〇〇〇円くらいである。たとえば三重県の川越町では福祉課に「犬猫避妊等手術費助成金交付申請書」というものを用意しており、受理されれば飼っている犬や猫の避妊や去勢手術費用の一部助成を受けることができる。

救急外来の現状と課題

日中はともかく、犬や猫が夜中に、それも突然具合が悪くなったりするとあわてる。家

庭内で事故に遭遇することもある。このようなときのために、最近では夜間専門の「夜間救急動物病院」が登場している。昼間は自分の動物病院で仕事をこなすという獣医師たちが連絡グループを結成して夜間の治療にあたる、というものである。そうすることで二四時間、三六五日、年中無休、という対応を可能にした。ペットを飼育する人々にはたいへんに心強い存在である。

　したがってその料金は、緊急であるということと、人々が休息し眠っている時間であることから、ある程度高額である。

ところが、あまり表向きには出てないが、治療費の踏み倒しが問題になっている。人間の病院でもその手の不払いが多いと聞く。

夜間救急病院も善意で開設されているのだから、飼い主もより良い関係を作るよう理解と努力が必要であろう。

医療費をめぐるトラブル

〇九年三月、アメリカで癌の一種「リンパ腫」になった犬に骨髄移植が実施された。リンパ腫は犬の癌としては最も多いものの一つで、化学療法では数年の延命効果が見込めるが、再発の可能性が非常に高いという。そこで骨髄移植手術を行ったのである。犬への骨髄移植は一匹につき一万五〇〇〇ドル（約一四二万円　一ドル九五円で換算）で、その犬は一命をとりとめ、まもなく退院したという。

この「一四二万円」という治療費が高いのか安いのか、あるいは適正なのか、飼い主が判断するわけだ。手術が成功したからこの額でも納得するかもしれないが、仮に失敗して

死んでしまったり、退院後まもなく死んでしまったらどうだろう。飼い主とのきちんとした約束があったのだろうが、この約束が曖昧だとさまざまな問題が発生する。

日本で多い医療費をめぐるトラブルは、ペットショップと動物病院とが関係したものが多い。というのは、子犬や子猫をペットショップで購入してきて間もなくその動物が不調なことに気づき、動物病院へ駆け込んだが死んでしまったり、重症化した場合だ。ペットショップの管理が悪かったのか、飼い主の準備不足か、医療ミスか、責任はどこにあるのか。その医療費を飼い主が出すのか、ペットシヨップが出すのか、それでもめるのである。三者入り乱れて互いのミスを言い合い、悪口雑言が飛び交う。

結論から言えば、こうしたトラブルが発生する前に、飼い主がしっかりすることが大切である。一つは、前にも述べたが、治療内容や代金について確認してから治療を受けること。すでに治療を受けたならば、その費用を払うのがふつうだからだ。命だけは助けて欲しいと願う飼い主の必死の顔つきを見たら、高価な薬剤を使うだろうし、さまざまな検査も実施するだろう。繰り返しになるが、その動物のことをいちばんよく知っているのは、獣医師ではなくて、飼い主本人である。検査内容を教えてもらい、それに自分のペットが耐えられるかどうかを判断し、検査するかどうかを決定しなければならない。

もう一つ、医療費のトラブルを避けるには、動物病院には日中行くことである。夜間診療は、原則として救急医療を行っている動物病院が多い。とくに二一時を回ったら、夜間救急だ。料金はグッと高くなる。

医療の高度化とペット保険の現状

ここ数年で犬・猫などペット向け医療の高度化が進んでいる。それはまさに人間並みであって、エックス線検査は当たり前、CT（コンピューター断層撮影）やMRI（磁気共鳴画像化装置）があったり、人工心肺装置を用いた心臓手術や放射線治療などが行われるようになってきている。

日本獣医生命科学大学動物医療センター（東京都武蔵野市）には、毎日四〇～五〇頭の動物がやって来るが、センターには、内科、循環器科、腎臓科、腫瘍科、神経科など人間の総合病院のような診療科名が掲げられている。ペットが長生きするようになる一方で、癌や循環器などの重い病気を患う犬・猫が増えている。センターのCTやMRIによる検査や手術予約は一ヵ月先までいっぱいだという。

〇七年六月、川崎市に民間の「日本動物高度医療センター」が開設された。従来の獣医学教育は基礎研究に偏り、臨床教育が不足していたとの反省から、獣医師向けに実践の場を提供し、最新の医療に対応できる人材を育てるためだ。〇八年には、微細な癌を捉える最新鋭のPET（陽電子放射断層撮影）も稼働。世界で初めて動物での利用だ。

そこまでする必要があるのか、私は疑問である。目の玉が飛び出るほど高額の治療費がかかる。前出の日本獣医師会の調査などによると、麻酔料、薬剤料などを除いたCT検査やMRI検査は各平均で約三万円、心臓手術は平均約六万三〇〇〇円、人工心肺装置を使うと材料費だけで約三〇万円、さらに心臓ペースメーカーを埋め込むと約一五〇万円もかかるという。

そこで登場して来たのが、動物向け「医療保険」であり、〇七年現在、ペット保険を取り扱っているのは損害保険会社二社（アニコム損保とアリアンツ火災海上保険）、少額短期保険会社六社の計八社である。保険内容は、かかった医療費の五〇％や七〇％の金額を補償するところが多い。ただし、去勢・不妊手術などは対象外である。この中の大手「アニコム」（東京都新宿区）は加入頭数約二九万頭に達する。「アニコムどうぶつ健保」はアニコムクラブ会員のための共済制度で、簡単にいうならば、対応病院であれば、その場で治療費が五〇％になるというものだ。

ペット保険はもともと根拠法がない任意の共済だったが、契約者の保護のために保険業法が改正され、〇六年四月から「少額短期保険業制度」が導入された。少額短期保険業者は、文字通り、少額で短期の保険のみを扱う事業のことで財務局への登録制である。最低資本金は損害保険会社が一〇億円なのに対し一〇〇〇万円で、保護機構がない点が異なる。

掛け金はペットの種や年齢によって異なる。たとえば、アニコムの基本料金はいずれも〇歳の月払いで、チワワ二一六〇円、柴犬二三七〇円、ゴールデン・レトリーバー二九三〇円、猫二二〇〇円などとなっている。一〇歳前後の高齢になってくると加入できないことが多いなど、保険更新には年齢制限を設けている場合が多い。

動物健保が盛んになってきた背景には、医療費が高額になってきたからではなく、実は飼い主側に原因があると思う。CTやMRIなど、人間並みの高度な医療サービスを希望する飼い主が増えているからである。

10章

家族の一員を葬送する さまざまなかたち

いつかは別れのときが…

一九九〇年前後から、家族の一員である犬・猫を亡くした飼い主の要望にこたえるという形で、犬・猫用の墓石などが盛んに売り出されるようになった。「ポチここに眠る」「たま永遠に」など、大きさも書体も自在、足跡、写真も入れられる。中に遺品の収納スペースがある大理石製のものもある。大理石や黒御影石製で、卓上型が三万円台、墓石型が一三万円台だった。

九八年ごろには、「霊柩車で搬送、火葬も」という「ペット専用霊園」が現れた。霊園経営者が、手を広げて犬・猫などのペット専用の霊園を作った。「核家族化が進むのに伴って、ペットを家族の一員ととらえる愛犬家や愛猫家も多くなっている。天国のペットと思い出を語り合えるような、きめ細かな霊園の運営を売り物にしたい」と霊園経営会社の社長が話していたのをおぼえている。

そうした葬斎場は公営でも存在する。九八年四月から千歳市葬祭場で開始したが、ペット火葬場の利用が五ヶ月で八〇件。予想は年間で一〇〇件と想定していたから、実際はは

るかに上回った。内訳は犬が最も多く五四匹、次いで猫が二三匹、ウサギ三匹、ハムスターも一匹あった。利用料は体重五kg未満が五〇〇〇円、五〜二〇kgが七〇〇〇円、二〇kg以上が一万円とのことだ。一般だと火葬料は猫や小型の犬で一万円、中型犬で一万五〇〇〇円、大型犬で二万円ほどだから、だいぶ安い。供養料（志）は別途申し受けるという民間の火葬場もある。

　火葬が終了するまでの時間は、猫や小型の犬で約一時間一〇分、中型犬で一時間半から二時間、大型犬だと二時間半ほどとのことだ。線香をあげての「お別れ式」や、火葬後には飼い主による遺骨拾いも行われるというから、まさに「人並み」である。

ペットのウサギを火葬にした主婦は、「埋めた後、野生の動物などに掘り返されるとかわいそうなので来ました。骨まで拾わせてもらい、人と同じように扱ってもらってうれしかった」と話している。千歳市では火葬場の老朽化に伴い、事業費約一七億七〇〇〇万円で新築。公害防止のため、排ガスの無煙、無臭化を図ったほか、小動物専用の火葬場を一基併設したという。

火葬場、そして霊園ができると、次は墓参だ。九八年のこと。お盆の頃、動物霊園はもうもうと立ち込めた線香の煙に包まれ、混雑する。人間の墓と見まがうようなりっぱな墓石が並ぶ。墓石のかたわらにはペットフードの缶詰、牛乳、人形などが山積み、千羽鶴まである。

本堂からは読経が流れ、外まであふれた人が手を合わせる。人間を超えるとはいわないまでも、すごい愛情の注ぎ方なのだ。ペットブームの一方、ペットの死をいつまでも受け入れられずに苦しむ「ペットロス」が問題となっていることが背景にある。

出前葬も登場した。これも九八年のことだ。ワゴン車の車内やトラックの荷台に小型火葬炉や祭壇を載せ、依頼先まで出掛けてペットの葬式や法要を営む。動物葬祭場や火葬場、ペット霊園などの施設から離れた地域の人たちや外出しにくい高齢者に照準を当てているらしい。火葬炉は縦一m、横六〇㎝、高さ五〇㎝ほどの小型焼却炉で、炉内は最高で一〇〇〇℃、特殊な断熱三重構造のため車内に熱はこもらず、煙もなく臭いもしないという。

依頼主である「喪主」の家に祭壇を設けて法要を営み、その後小型〜中型トラックの荷台に設置した小型炉で火葬にするのだ。料金は鳥、小動物が一万円、小型犬と猫が三万円、特大犬五万円となっている。「家族の一員を粗末に扱いたくないというニーズ」があるそうだ。

〇六年ころには全国でふつうにペットの埋葬が行われるようになった。九八年に全国でおよそ三〇〇ヵ所だったのが、〇三年には五九〇ヵ所とほぼ倍増している。

関東と関西に住む男女それぞれ約三〇〇人を対象にインターネットで調査した結果では、「自分や家族の墓にペットを一緒に埋葬する」について、二〇・七%が「非常に良い」、三九・五%が「良い」と回答。反対に「興味がない」が二九・四%、「動物と一緒はよくないと聞いている」、「一線を引くべき」を含む「その他」が一〇・四%に過ぎないことが判明したという。男性より女性、年代別では六〇代より四〇代の方が、従来の埋葬形式にとらわれない傾向があったそうである。

悲しみにつけ込む悪徳業者には気をつけよう

ペットの火葬業者や霊園が急増してくると決まって起こるのがトラブルだ。ペットブームを受けて、少なくとも二四都道府県の七〇市区町村が霊園を規制する条例や要綱を設けるようになった。トラブルの第一は、多額の料金を要求する火葬業者であり、国民生活センターは注意を呼びかけている。

こんな例がある。ある女性が、長年飼っていた愛犬を失った。弔ってあげたいと、インターネットのホームページで火葬業者を見つけた。ワゴン車でやってきた業者は、積んできた焼却炉に死体を入れて火をつけ、三〇万円余りの料金を要求したのである。ホームページでは「火葬代五万円」となっていたから頼んだのであるが、業者はオイル代などオプション料金を要求したというのだ。「追加しないと骨は粉々になる」といわれて、女性は渋々二〇万円近い料金を支払ったという。遺体を焼けば骨は粉々になるに決まっている。「示された料金明細はいい加減な内容だった」とわかっているのだから、毅然とした態度が必要である。

また「一体だけのはずが他と一緒に火葬された」、「骨を返してもらえなかった」といったトラブルも多い。

後から次々と追加料金を取られることがあるので、契約する前に業者に総額を必ず聞くことが大切だ。動物病院と似たところがある。不審な点があれば、自治体などの消費者相談窓口に問い合わせて、悪質業者かどうか確認するのも一つの方法である。

人の墓地や火葬施設の開設には、墓地埋葬法で知事の許可が必要だが、ペット霊園を規制する法律はなく、住宅地でも開設できる。埼玉県加須市の住宅街に、コンビニ店でもできるのかと思ったらペット霊園ができたが、業者からは何の説明もなかったという。

別の市では、火葬施設から出る排煙の異臭に苦情が相次いだ。市は業者を指導したが、改善されず、〇四年に条例を制定。「強制力が必要」と、施設の使用禁止命令に違反すると五〇万円以下の罰金を科す罰則を全国で初めて設けた。

霊園業者一五社が加盟する「全国動物霊園協会」もできている。地域との共存を目指して火葬に関する研修を行ったり、業界の実態を把握するため火葬業者数や経営内容などの調査を行っている。人間の場合とちがって一般にペット霊園には暗い印象がない。ドイツなどではトラブルも規制もないそうだ。設置者は計画段階から住民とよく話し合い、周囲への植林など明るい雰囲気作りに努め、マイナスイメージを取り除いているという。

ペットの死体は法律上、「廃棄物」である。供養のため庭など自分の敷地に埋めるのも少し問題があるが、公園などに埋めてはいけない。行政が行っているペットの死体処理の手順は、ペットが死んだらまず飼い主が保健所なり役所に電話すると、持ち込み場所を教えてくれる。そこへビニール袋か箱に入れて持ち込み、所定の料金を支払う。それだけで終わりだ。飼い主が帰った後、生ゴミなどと一緒に焼くという対応の自治体が多い。

11章

ペットビジネスをめぐる諸問題

なぜ起きた？「ハスキー犬の悲劇」

犬・猫はブリーダーなどの業者によって推定で年間約一五万匹生産されているともいわれるが、その内の約五万匹は病死等の理由により流通していないと見られている。

一九八二年度は、一位はマルチーズで三万六〇〇〇匹、シベリアン・ハスキーは六三位でわずか二四匹が飼育されているだけだった。

九〇年度になると、一位はシー・ズーで三万三〇〇〇匹でもっとも多く、シベリアン・ハスキーが二位で三万匹と急増した。そして九二年度にはシベリアン・ハスキーが一位の五万八〇〇〇匹となった。

激しい流行の推移は、無理な繁殖や、流行が終わると大量に捨てられることにつながる。人間の都合に振り回される犬たちにとっては、たまったものではない。九四年に起こった「ハスキー犬の悲劇」がそのことを物語っている。流行がゴールデン・レトリーバーに移ったことが引き金だった。ハスキーは澄んだ青い眼、精悍な顔つきをもった犬である。今のミニチュア・ダックスフント、あるいはチワワのように、九二年に大流行した。ところ

が、成犬になると女性や子どもでは手に負えなくなり、多くの人が捨ててしまった。ツンドラ地方で活躍した犬だから、どだい日本の風土に合わないとの批判も高まった。

そんな中、東京・池袋で行われた五万円セールで売られた子犬が一～二週間でバタバタと病死する「事件」が起きた。まだ抵抗力がない子犬が、移動、環境の変化を強いられたのが原因の一つとみられる。人気種を大量に育て、まだ乳離れしたばかりという生後間もない段階で売買される犬の流通システムが問題になった。

セールは一月一五、一六日、東京・池袋のサンシャインシティーであった。前年の一二月二五日から開かれた展示会に引き続く催しで、「子イヌのチャリティーセール」と銘打ち、展示された人気種のうち三二匹が売り出された。市価の半値、三分の一という値段のため、早朝から行列ができたほどだった。

東京に住む姉妹は、ここでシベリアン・ハスキーの子犬を手に入れた。ところが家に着いたときからもう弱っていて、熱は四〇℃、一〇日後には泡を吹いて引きつけを起こし、バタンと倒れた。獣医に連れていったらジステンパーと言われ、その一週間後に死んだ。

これは一例であって、近隣の豊島区愛犬病院には、このセールで売られた病気の子犬四匹が持ち込まれている。三匹はジステンパーかそれに似た症状を示して二匹が死亡、一匹は生死不明、一匹だけ元気になった。寄生虫も四匹に共通して見られたというから、原因は業者の管理の悪さにある。また別の動物病院にも一匹が持ち込まれ、死亡した。付近の墓地に死んだ子犬が二匹が捨てられており、これも大きさや種類から、このセールで売られた可能性があったとされる。

企画運営会社は、販売時の契約書には、健康状態に責任は持てないという一項を入れてあるとそっけない。この会社に業務委託した主催者の民放会社では、これまでクレームは二件あり、一件は獣医師に治療費を支払い、もう一件は交換の犬を探している、とのことだった。これらの犬は生後二ヶ月くらいで展示会に出されたようだが、ちょうど母親からもらった免疫が低下するころだ。移動したり環境が変わると病気になりやすいことは確かである。生後七〇日（生後一〇週間）までは生まれた家にいるのが望ましい。社会化ができるし、精神的・肉体的にも健康に育つ。子犬を長期に飼えば経費もかかるので、日本では四五日前後で売買されていたのである。

業者が販売する場合の平均販売日齢は、犬は六〇日未満が約五割（平均値五七・六日）、猫は六〇日未満が四割弱（平均六一・五日）となっている。しかし、幼齢期（一般的に日令六〇日未満）における販売は、子犬・子猫の健康上、そして成長してからの咬みぐせなど、いろいろな問題が発生する。業者や民間団体の自主的な取り組みだけでは限界がある。できるだけ小さいうちから犬・猫を飼いたいという購入者の強い要望には負けてしまうことも多いらしい。

ブリーダーの質が問われている

九九年、北海道・札幌での出来事で、ペットショップから買った犬が、購入後すぐに病気になったり、死んだりしても、店が対応してくれない……そんな苦情がペット愛好家の間から出された。道と札幌市の消費者センターのまとめによると、九八年四月から一〇月に寄せられた犬の売買に関する相談が三一件あった。たとえば「市内の主婦が一二万円で買った犬が、買う前から病気にかかっていて、一ヵ月で死亡した。店から代わりの犬を渡すと言われたが、半年たっても連絡がない」というものなどだ。犬の場合、母犬からの免疫がなくなる生後六〇日前後から伝染病にかかりやすくなる。相談は生後三〇日ほど経過した犬を購入したケースで、一ヵ月以内に発生したトラブルに関するものが多い。ペットには製造物責任法（ＰＬ法）が適用されず、病気の感染時期の特定が難しいため、アフタ

ーケアは店側のモラルに頼っているのが実情なのである。

このところのペットブームで一時ブリーダーが急増した。たとえば九州の佐賀県。ここでも犬や猫の繁殖・販売をするブリーダーが急増した。「動物取扱業」を県に届け出ているのは一二三業者だが、数匹を飼う規模を含めると実際にブリーダーをしているのは五〇〇人以上とみられている。定年を迎える人たちが趣味と実益を兼ねて始めるケースもあるという。ジャパン・ケンネルクラブ（JKC）は、「犬質の向上を目指し努力するのが本来のブリーダーだが、ペットブームを背景に繁殖家というべき人たちも増えている」と指摘している。

数年前、テレビコマーシャルで全国的なチワワブームが起きたとき、ブリーダーが一気に増えた。犬を実際に飼って繁殖させるほか、仲間から預かる形で繁殖させて子を返す方法もあり、趣味を兼ねて始められるという手軽さも影響しているらしい。

現在（二〇〇九年）の人気はプードルやブルドッグ、あるいはミニチュア・ダックスフントに移ったものの、ブリーダー志望者は多く、半年ごとに子犬を産むので小遣い稼ぎとして、気軽にブリーダーになる人もいる。

だが簡単にはいくまい。犬種ごとの特徴を備えた良い犬を増やすのは難しい。ブリーダーとして専門的に営業するには販売先の確保や犬舎の環境対策など大変なことが多い。専門的知識がないまま始めたら、まず失敗する。

ネット取引でのトラブルを防ぐために必要な飼い主の意識

今後問題が増えると考えられるのは、犬・猫をインターネットで取引を行っている業者とのトラブルである。インターネットでの動物販売については、取り扱う対象が「生き物」

であるという性格上、店頭で実物を見て購入したいと考える人が多数を占めるため、まだ実際の取引量はさほど多くない。しかし今後、取引が増えたとき、パソコン画面と実物の印象が異なることによるトラブルや、長距離輸送による事故等が心配だ。

〇五年六月に成立した改正動物愛護管理法では、インターネットを通じたペットの販売業が、大幅に規制されている。病気の犬や猫を売るなどトラブルが後を絶たない中、悪質な業者を締め出す狙いだ。

改正法では、悪質業者排除のため、業者を従来の届け出制から登録制に改めている。店舗やペットの保管施設を持つ業者に対しては、施設の構造や管理についての基準を設けている。また、これまで届け出義務のなかった、店舗や保管施設を持たないネット、通販業者にも登録を義務づけている。

環境省によると、ネット専業の販売業者は全国に少なくとも一〇〇社ほどあるが、これまで届け出義務もなかったため、実態は把握しきれていない。省令が改正され、業者は新たな基準をクリアし、商環境を整備しなければならない。コスト面などから、ネット専業の業者は、現状のままの営業は難しくなるのではないだろうか。

ペット販売の苦情は、〇三年に約一五〇〇件と九四年の三倍に上った（環境省調べ）。なかでも、ネットなど通信販売による苦情は、〇三年は二〇〇件と九四年の六倍強になっている。内容は、病気の動物を売ったり、輸送方法が不適切なため動物が弱ったり死んだりするケースのほか、動物の年齢を偽る、血統書を届けないなどもある。店頭販売と異なり、消費者側が健康状態を確認しにくいことが、トラブルの原因になっている。

犬・猫などの「生き物」は実物を見て買うのが当たり前のように思うのだが、インターネットを利用したペット通販が増加しているという現実がある。インターネットでブリーダーの犬を紹介し、それを買ってもらうというものだが、ネット通販と店頭販売の大きな違いは価格だという。ブリーダーと客が航空貨物便などを通じて直接受け渡しするため、維持費のかかる店頭販売に比べて半額程度というのだ。また、ネット通販では、購入者に届く直前までブリーダーの元で健やかに育つから健康だと主張をする人たちもいる。

マイナス面は、ペットが届くまで自分で動物の健康状態などを確認できない点だ。ともかく後を絶たないペット購入トラブルだが、飼い主の心構えも重要だ。まずは価格だろう。極端に安い場合は警戒しなくてはならないのだ。予防注射をしてなかったり、遺伝性疾患のチェックをしていない場合が多いからである。

「チワワを買ったつもりが全長一・五mにもなってしまった!」という笑い話のようなこともあるらしい。いや、せめてチワワとはどのような犬なのか、少しは勉強してから買うべきだろう。血統書付きの犬を買ったものの、なんか別の品種の犬のようになってきた!というのはざらにある。

「飼ってみたら思ったよりも鳴き声がうるさいから返品したい」という相談もあるというから、無責任な飼い主が実に多いのである。「飼い主側の意識」の問題を指摘されても仕方がない。

あとがき

本書は「犬と猫を幸せにする本」ということを目標に書き進めたが、話はそう単純ではなかった。日本におけるペット、とくに犬・猫の飼育状況や飼育に関する意識の実態がわかる基本的なデータが必要であった。これについては二〇〇三（平成一五）年に実施された『動物愛護に関する世論調査』（内閣府大臣官房政府広報室）を参考にさせていただいた。貴重なデータである。

また、一九七三（昭和四八）年に議員立法で制定された「動物の保護及び管理に関する法律」（動物保護管理法）は、一九九九（平成一一）年に「動物の愛護及び管理に関する法律」（環境省）に名称が変わり、翌年施行された。そして〇六年にこの「動物愛護管理法」の規定に基づいて策定された、「動物の愛護及び管理に関する施策を総合的に推進するための基本的な指針」（動物愛護管理基本指針）などの法律も参考にしている。

犬・猫などの動物を飼う前に知っておいて欲しいことなどは、環境省のホームページを参照し、犬・猫の輸入や検疫に関する情報などは、農林水産省などのホームページを参考にしている。犬猫を飼育している方々は、頻繁に省庁のホームページをのぞいてみることが大切だと思う。新しい情報、重要な報告などが掲載されており、きわめて有用だと思う。犬猫をめぐるトラブルや美談、ペットビジネスをめぐる出来事などについては各新聞記事や犬猫関係の雑誌などを参考にした。

また長年にわたって、猫の愛護活動をボランティアで行っている「ひとねことの未来に向かって：http://hito-neko-mirai.net/」の山本和子氏には参考の意見をいただいた。

そして出来上がった原稿は膨大なものとなり、犬・猫に関する統計や法律が混在し、とても読むに耐えない代物であった。それを整理しまとめたものが本書であるが、その際に素朴社の編集スタッフの方々に多大な労力と時間を費やしていただいた。ここで改めて御礼を申し上げる次第です。

犬・猫を飼育している人の中には、きわめて少数なのだろうが、マナーが悪い人がいる。そのような人は本書を読まないだろうことが残念である。まだまだ犬・猫の福祉の問題については難問が山積みしている。これから一つ一つ解決していく努力が必要である。経済大国と自負する日本は、犬猫をはじめとする動物全般に対する気配りができるようになって初めて大国と自称すべきだろう。
これから犬か猫を飼おうと思っている方々、すでに犬か猫を飼育している方々が、本書を少しでも参考にしていただけたら、この上ない喜びである。そして不幸な犬猫が少しでも減ることを願って筆をおくことにする。

二〇〇九年七月

今泉　忠明

著者略歴

今泉　忠明（いまいずみ　ただあき）

1944年生まれ。東京水産大学（現東京海洋大学）卒業。国立科学博物館で哺乳類の分類学・生態学を学ぶ。文部省（現文部科学省）の国際生物計画（IBP）調査、環境庁（現環境省）のイリオモテヤマネコの生態調査などに参加。トウホクノウサギやニホンカワウソの生態、富士山の動物相なども調査する。また、アメリカ合衆国や東アフリカ、南アメリカ、東南アジアなどの国立公園を回って自然保護の仕組みなどを学ぶ。上野動物園で動物解説員をつとめ、現在、日本動物科学研究所所長で、静岡県伊東市にある「ねこの博物館」館長。主な著書に「アニマルトラック」（自由国民社）、「動物の衣食住学」（同文書院）、「進化を忘れた動物たち」「かわいいネコには謎がある」（講談社）、「野生ネコの百科」「野生イヌの百科」「猛毒動物の百科」（データハウス）、「行き場を失った動物たち」（東京堂）などがある。

ねこの幸せ　いぬの幸せ

＊一緒に生きるパートナーだから、絶対知ってほしいこと＊

2009年10月30日　第1刷発行

著　者　今泉忠明

発行者　三浦信夫

発行所　株式会社　素朴社

東京都渋谷区渋谷1-20-24

電話（03）3407-9688

振替　00150-2-52889

http://www.sobokusha.jp

印刷・製本　壮光舎印刷株式会社

ISBN 978-4-903773-12-4　C0077

価格はカバーに表示してあります。